www.gosinet.co.kr

KB251489

한국산업인력공단 주관 및 시행

중식 일식 복어

조리기능사 실기

한국기술자격검정원 검정위원
임인숙 · 김정태 · 오수진 · 이희정 편저

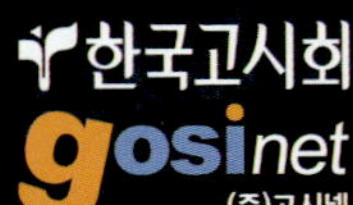
한국고시회
gosinet
(주)고시넷

조리기능장이 만든
조리기능사 중식, 일식, 복어
실 기

ISBN 979-11-5646-373-3 13590
정가 24,000원

발행처	(주)고시넷		**초판인 쇄**	2016년 1월 5일
발행인	김뜻		**초판발행**	2016년 1월 10일
편저자	한국기술자격검정원 검정위원		**개정판발행**	2017년 1월 10일
	임인숙, 김정태, 오수진, 이희정		**개정2판발행**	2018년 3월 15일
주 소	04177			
	서울시 마포구 마포대로4다길 18,			
	1510호(마포동, 강변한신코아빌딩)			
영업국	TEL. (02) 711-4311(대)			
	FAX. (02) 703-3933			
편집국	TEL. (02) 703-4311			
등 록	1979. 10. 18.			
	(등록번호 제3-53호)			
홈페이지	http://www.gosinet.co.kr			
학습문의	passgosi2004@hanmail.net			

머리말

　최근 우리의 식생활은 과학이 발전함에 따라 식생활 또한 변화되고 있습니다. 세계화에 걸맞게 외국인과의 교류를 통해 여러 많은 종류의 외국 음식들이 우리의 식생활과 함께하며 식문화 발전에 좋은 영향을 주고 있습니다. 전통에만 집착하기 보다는 시대의 흐름에 맞춰 기호에 맞는 요리를 개발하는 것이 전문 조리인들에게 필요한 연구과제일 것입니다.

　또한 외식 업종이 늘어나고 외식산업의 고급화, 다양화, 종사자의 수의 증가로 조리사의 직업도 각광을 받게 되었습니다. 조리사로써 한국 산업인력공단과 국가기술자격검정원을 통해 자격증을 취득하면 전문적이고 보다 인정받는 조리사가 될 수 있습니다.

　이 책은 다년간 실기시험 감독관을 하며 실무 전문가와 함께 그 노하우를 일식, 중식, 복어 조리기능사 실기 시험요리를 이해하기 쉽도록 동영상을 수록하여 독자 스스로가 실습이 가능하도록 하였고 현실성 있게 한국 산업인력공단과 국가기술자격검정원 기준에 맞추어 내용을 집필하였습니다.

　본 교재를 통해 자격증 취득에 도움은 물론 전문 조리사로서의 인정과 발전을 기원합니다.

조리기능사 안내

1 출제경향

① **요구작업 내용** : 지급된 재료를 갖고 요구하는 작품을 시험 시간 내에 1인분을 만들어내는 작업

② **주요 평가내용**

㉠ 위생상태(개인 및 조리과정)

㉡ 조리의 기술(기구취급, 동작, 순서, 재료다듬기 방법)

㉢ 작품의 평가

㉣ 정리정돈 및 청소

2 취득방법

① **시행처** : 한국기술자격검정원

② **시험과목**

㉠ **필기** : 1. 식품위생 및 법규   2. 식품학   3. 조리이론과 원가계산   4. 공중보건

㉡ **실기** : 조리작업

③ **검정방법**

㉠ **필기** : 객관식 4지 택일형, 60문항(60분)

㉡ **실기** : 작업형(60분 정도)

④ **합격기준 필기 · 실기** : 100점을 만점으로 하여 60점 이상

⑤ **응시자격** : 제한 없음

출제기준(중식)

직무 분야	음식 서비스	중직무 분야	조리	자격 종목	중식조리기능사	적용 기간	2012. 1. 1 ~ 2015. 12. 31

- **직무내용** : 중식조리부분에 배속되어 제공될 음식에 대한 계획을 세우고 조리할 재료를 선정, 구입, 검수, 보관 및 저장하며 적절한 조리기구를 선택하여 영양적이고 위생적인 음식을 제공하는 직무
  조리시설 및 기구를 위생적으로 관리, 유지하는 직무
- **수행준거** : 1. 중식의 고유한 형태와 맛을 표현할 수 있다.
  2. 식재료의 특성을 이해하고 용도에 맞게 손질할 수 있다.
  3. 레시피를 정확하게 숙지하고 적절한 도구 및 기구를 사용할 수 있다.
  4. 기초조리기술을 능숙하게 할 수 있다.
  5. 조리과정이 위생적이고 정리정돈을 잘 할 수 있다.

실기검정방법	작업형	시험시간	1시간 정도

실기과목명	주요항목	세부항목	세세항목
중식조리 작업	1. 기초조리작업	1. 식재료별 기초손질 및 모양 썰기	1. 식재료를 각 음식의 형태와 특징에 알맞도록 손질할 수 있다.
	2. 전채요리	1. 오징어 냉채 조리하기	1. 주어진 재료를 사용하여 요구사항대로 오징어 냉채를 조리할 수 있다.
		2. 해파리 냉채 조리하기	1. 주어진 재료를 사용하여 요구사항대로 해파리 냉채를 조리할 수 있다.
		3. 양장피 잡채 조리하기	1. 주어진 재료를 사용하여 요구사항대로 양장피 잡채를 조리할 수 있다.
		4. 기타 조리하기	1. 기타 전채요리를 조리할 수 있다.
	3. 튀김요리	1. 라조기 조리하기	1. 주어진 재료를 사용하여 요구사항대로 라조기를 조리할 수 있다.
		2. 깐풍기 조리하기	1. 주어진 재료를 사용하여 요구사항대로 깐풍기를 조리할 수 있다.
		3. 난자완스 조리하기	1. 주어진 재료를 사용하여 요구사항대로 난자완스를 조리할 수 있다.
		4. 새우케찹볶음 조리하기	1. 주어진 재료를 사용하여 요구사항대로 새우케찹볶음을 조리할 수 있다.
		5. 홍쇼두부 조리하기	1. 주어진 재료를 사용하여 요구사항대로 홍쇼두부를 조리할 수 있다.
		6. 탕수육 조리하기	1. 주어진 재료를 사용하여 요구사항대로 탕수육을 조리할 수 있다.
		7. 탕수조기 조리하기	1. 주어진 재료를 사용하여 요구사항대로 탕수조기를 조리할 수 있다.

실기과목명	주요항목	세부항목	세세항목
		8. 짜춘권 조리하기	1. 주어진 재료를 사용하여 요구사항대로 짜춘권을 조리할 수 있다.
		9. 기타 조리하기	1. 기타 튀김요리를 조리할 수 있다.
	4. 볶음요리	1. 채소볶음 조리하기	1. 주어진 재료를 사용하여 요구사항대로 채소볶음을 조리할 수 있다.
		2. 마파두부 조리하기	1. 주어진 재료를 사용하여 요구사항대로 마파두부를 조리할 수 있다.
		3. 고추잡채 조리하기	1. 주어진 재료를 사용하여 요구사항대로 고추잡채를 조리할 수 있다.
		4. 부추잡채 조리하기	1. 주어진 재료를 사용하여 요구사항대로 부추잡채를 조리할 수 있다.
		5. 기타 조리하기	1. 기타 볶음요리를 조리할 수 있다.
	5. 수프류	1. 생선완자탕 조리하기	1. 주어진 재료를 사용하여 요구사항대로 생선완자탕 조리할 수 있다.
		2. 달걀탕 조리하기	1. 주어진 재료를 사용하여 요구사항대로 달걀탕을 조리할 수 있다.
		3. 기타 조리하기	1. 기타 수프류를 조리할 수 있다.
	6. 면류	1. 물만두 조리하기	1. 주어진 재료를 사용하여 요구사항대로 물만두를 조리할 수 있다.
		2. 기타 조리하기	1. 기타 면류를 조리할 수 있다.
	7. 후식류	1. 고구마탕 조리하기	1. 주어진 재료를 사용하여 요구사항대로 고구마탕을 조리할 수 있다.
		2. 옥수수탕 조리하기	1. 주어진 재료를 사용하여 요구사항대로 옥수수탕을 조리할 수 있다.
		3. 기타 조리하기	1. 기타 후식류를 조리할 수 있다.
	8. 담기	1. 그릇 담기	1. 적절한 그릇에 담는 원칙에 따라 음식을 모양 있게 담아 음식의 특성을 살려 낼 수 있다.
	9. 조리작업관리	1. 조리작업 위생관리하기	1. 조리복·위생모 착용, 개인위생 및 청결 상태를 유지할 수 있다.
			2. 식재료를 청결하게 취급하며 전 과정을 위생적으로 정리정돈하며 조리할 수 있다.

지참물(중식)

번 호	재료명	규 격	단 위	수 량	비 고
1	가 위	조리용	EA	1	
2	계량스푼	사이즈별	SET	1	
3	계량컵	200ml	EA	1	
4	공기	소	EA	1	
5	국대접	소	EA	1	
6	냄비	조리용	EA	1	시험장에도 준비되어 있슴
7	랩, 호일	조리용	EA	1	
8	소창 또는 면보	30×30cm 정도	장	1	
9	쇠조리(혹은 채)	조리용	EA	1	
10	숟가락	스텐레스제	EA	1	
11	앞치마	백색(남·녀공용)	EA	1	
12	위생모 또는 머리수건	백색	EA	1	
13	위생복	상의백색, 하의 긴바지(색상무관)	벌	1	위생복장을 제대로 갖추지 않을 경우는 감점 처리됩니다.
14	위생타월	면	매	1	
15	젓가락	나무젓가락 또는 쇠젓가락	EA	1	
16	종이컵	–	EA	1	
17	칼	조리용칼, 칼집포함	EA	1	
18	후라이팬	소형	EA	1	
19	도마	나무도마 또는 흰색	EA	1	
20	이쑤시개	조리용	EA	1	

출제기준(일식)

직무 분야	음식 서비스	중직무 분야	조리	자격 종목	일식조리기능사	적용 기간	2012. 1. 1 ～ 2015. 12. 31

- **직무내용** : 일식조리부분에 배속되어 제공될 음식에 대한 계획을 세우고 조리할 재료를 선정, 구입, 검수, 보관 및 저장하며 적절한 조리기구를 선택하여 영양적이고 위생적인 음식을 제공하는 직무
조리시설 및 기구를 위생적으로 관리, 유지하는 직무
- **수행준거** : 1. 일식의 고유한 형태와 맛을 표현할 수 있다.
  2. 식재료의 특성을 이해하고 용도에 맞게 손질할 수 있다.
  3. 레시피를 정확하게 숙지하고 적절한 도구 및 기구를 사용할 수 있다.
  4. 기초조리기술을 능숙하게 할 수 있다.
  5. 조리과정이 위생적이고 정리정돈을 잘 할 수 있다.

실기검정방법	작업형	시험시간	1시간 정도

실기과목명	주요항목	세부항목	세세항목
일식조리 작업	1. 기초조리작업	1. 식재료별 기초손질 및 모양썰기	1. 식재료를 각 음식의 형태와 특징에 알맞도록 손질할 수 있다.
	2. 국류 (스이모노)	1. 대합, 도미, 가재 맑은국 조리하기	1. 주어진 재료를 사용하여 요구사항대로 국류를 조리할 수 있다.
	3. 회류 [쯔구리(사시미)]	1. 어패류, 채소류, 해초류 조리하기	1. 주어진 재료를 사용하여 요구사항대로 회류를 조리할 수 있다.
	4. 구이류 (야끼모노)	1. 육류, 어패류, 채소류, 버섯류 조리하기	1. 주어진 재료를 사용하여 요구사항대로 구이류를 조리할 수 있다.
	5. 삶은요리 (니모노), 조림류 (다끼모노)	1. 육류, 어패류, 채소류, 버섯류, 해초류 조리하기	1. 주어진 재료를 사용하여 요구사항대로 삶은 요리, 조림류를 조리할 수 있다.
	6. 튀김류 (아게모노, 가라아게)	1. 육류, 어패류, 채소류, 버섯류, 해초류 조리하기	1. 주어진 재료를 사용하여 요구사항대로 튀김류를 조리할 수 있다.
	7. 찜류 (무시모노)	1. 어패류, 해초류, 채소류, 버섯류 조리하기	1. 주어진 재료를 사용하여 요구사항대로 찜류를 조리할 수 있다.
	8. 초무침류 (스노모노)	1. 어패류, 해초류, 채소류, 과일류 조리하기	1. 주어진 재료를 사용하여 요구사항대로 초무침류를 조리할 수 있다.

실기과목명	주요항목	세부항목	세세항목
	9. 볶음류 (이따메모노)	1. 육류, 어패류, 채소류(버섯류) 조리하기	1. 주어진 재료를 사용하여 요구사항대로 볶음류를 조리할 수 있다.
	10. 무침류 (아에모노)	1. 육류, 어패류, 채소류(버섯류) 조리하기	1. 주어진 재료를 사용하여 요구사항대로 무침류를 조리할 수 있다.
	11. 냄비류 (나베모노)	1. 육류, 어패류, 채소류, 건어물, 해초류, 버섯류 조리하기	1. 주어진 재료를 사용하여 요구사항대로 냄비류를 조리할 수 있다.
	12. 일품요리 (잇뻰료리)	1. 구이, 튀김, 찜, 조림, 냄비요리 조리하기	1. 주어진 재료를 사용하여 요구사항대로 일품요리를 조리할 수 있다.
	13. 도시락 (마구노우찌)	1. 도시락 (마구노우찌) 조리하기	1. 주어진 재료를 사용하여 요구사항대로 도시락을 조리할 수 있다.
	14. 초밥류 (스시)	1. 생선초밥, 김초밥, 유부초밥, 상자초밥, 주먹밥 조리하기	1. 주어진 재료를 사용하여 요구사항대로 초밥류를 조리할 수 있다.
	15. 덮밥류 (돈부리)	1. 쇠고기, 닭고기, 송이, 돈까스, 달걀덮밥 조리하기	1. 주어진 재료를 사용하여 요구사항대로 덮밥류를 조리할 수 있다.
	16. 면류 (멘)	1. 우동, 메밀국수, 소면 조리하기	1. 주어진 재료를 사용하여 요구사항대로 면류를 조리할 수 있다.
	17. 된장국 (미소시루)	1. 된장국(적된장, 백된장) 조리하기	1. 주어진 재료를 사용하여 요구사항대로 된장국을 조리할 수 있다.
	18. 후식 (구다모노), 후식 (미즈가시)	1. 과일류 조리하기	1. 주어진 재료를 사용하여 요구사항대로 후식을 조리할 수 있다.
		2. 양갱 또는 일본식과자 조리하기	1. 주어진 재료를 사용하여 요구사항대로 후식을 조리할 수 있다.
	19. 담기	1. 그릇 담기	1. 적절한 그릇에 담는 원칙에 따라 음식을 모양 있게 담아 음식의 특성을 살려 낼 수 있다.
	20. 조리작업관리	1. 조리작업 위생관리하기	1. 조리복 · 위생모 착용, 개인위생 및 청결 상태를 유지할 수 있다.
			2. 식재료를 청결하게 취급하며 전 과정을 위생적으로 정리정돈하며 조리할 수 있다.

지참물(일식)

번 호	재료명	규 격	단 위	수 량	비 고
1	가위	조리용	EA	1	
2	강판	조리용	EA	1	
3	계량스푼	사이즈별	SET	1	
4	계량컵	200ml	EA	1	
5	공기	소	EA	1	
6	국대접	소	EA	1	
7	김발	20cm 정도	EA	1	
8	냄비	조리용	EA	1	시험장에도 준비되어 있슴
9	달�걀말이후라이팬	사각	EA	1	
10	랩, 호일	조리용	EA	1	
11	석쇠	조리용	EA	1	
12	소창 또는 면보	30×30 정도	장	1	
13	쇠꼬지(쇠꼬챙이)	생선구이용	EA	1	
14	쇠조리(혹은 채)	조리용	EA	1	시험장에도 준비되어 있슴
15	숟가락	스텐레스제	EA	1	
16	앞치마	백색(남·여공용)	EA	1	
17	위생모 또는 머리수건	백색	EA	1	
18	위생복	상의 백색, 하의 긴바지(색상무관)	벌	1	위생복장을 제대로 갖추지 않을 경우는 감점 처리됩니다.
19	위생타월	면	매	1	
20	젓가락	나무젓가락 또는 쇠젓가락	EA	1	
21	종이컵	–	EA	1	
22	칼	조리용칼, 칼집포함	EA	1	
23	키친페이퍼	–	EA	1	
24	후라이팬	소형	EA	1	
25	도마	나무도마 또는 흰색	EA	1	
26	이쑤시개	조리용	EA	1	

출제기준(복어)

직무 분야	음식 서비스	중직무 분야	조리	자격 종목	복어조리기능사	적용 기간	2012. 1. 1 ~ 2015. 12. 31

- **직무내용** : 복어조리부분에 배속되어 제공될 음식에 대한 계획을 세우고 조리할 재료를 선정, 구입, 검수, 보관 및 저장하며 적절한 조리기구를 선택하여 영양적이고 위생적인 음식을 제공하는 직무 조리시설 및 기구를 위생적으로 관리, 유지하는 직무
- **수행준거** : 1. 복어조리의 고유한 형태와 맛을 표현할 수 있다.
  2. 숙련된 조리법으로 복어의 손질과 독성분 제거 및 껍질손질을 할 수 있다.
  3. 레시피를 정확하게 숙지하고 적절한 도구 및 기구를 사용할 수 있다.
  4. 조리과정이 위생적이고 정리정돈을 잘 할 수 있다.

실기검정방법	작업형		시험시간	70분 정도

실기과목명	주요항목	세부항목	세세항목
일식조리 작업	1. 어종감별	1. 계절별 유독성분의 어종 구분하기	1. 복어의 계절별 유독성분의 어종 구분을 할 수 있다.
		2. 복어의 명칭구분하기	1. 복어의 명칭구분을 할 수 있다.
	2. 제독작업	1. 독성제거하기	1. 복어의 독성 제거작업을 할 수 있다.
			2. 가식부위와 불가식부위를 구분할 수 있다.
	3. 기본요리	1. 국류(지리냄비) 조리하기	1. 주어진 재료를 사용하여 요구사항대로 국류(지리냄비)를 조리할 수 있다.
		2. 회류조리하기	1. 주어진 재료를 사용하여 요구사항대로 회류를 조리할 수 있다.
		3. 껍질손질하기	1. 복어껍질의 분류와 가시제거를 할 수 있다.
	4. 담기	1. 그릇담기	1. 적절한 그릇에 담는 원칙에 따라 음식을 모양 있게 담아 음식의 특성을 살려 낼 수 있다.
	5. 조리작업관리	1. 조리작업 위생관리하기	1. 조리복 · 위생모 착용, 개인위생 및 청결상태를 유지할 수 있다.
			2. 식재료를 청결하게 취급하며 전 과정을 위생적으로 정리정돈하며 조리할 수 있다.

지참물(복어)

번 호	재료명	규 격	단 위	수 량	비고
1	계량스푼	사이즈별	SET	1	
2	냄비	조리용	EA	1	시험장에도 준비되어 있슴
3	랩, 호일	조리용	EA	1	
4	석쇠	조리용	EA	1	시험장에도 준비되어 있슴
5	쇠조리(혹은 채)	조리용	EA	1	시험장에도 준비되어 있슴
6	위생타월	면	매	1	
7	젓가락	나무젓가락 또는 쇠젓가락	EA	1	
8	칼	조리용칼, 칼집포함	EA	1	
9	후라이팬	소형	EA	1	시험장에도 준비되어 있슴
10	가위	조리용	EA	1	
11	계량컵	200ml	EA	1	
12	공기	소	EA	1	
13	국대접	소	EA	1	
14	김발	20cm 정도	EA	1	
15	비닐팩	–	EA	1	
16	소창 또는 면보	30×30cm 정도	장	1	
17	숟가락	스텐레스제	EA	1	
18	앞치마	백색(남·여 공용)	EA	1	
19	위생모 또는 머리수건	백색	EA	1	
20	위생복	상의 백색, 하의 긴바지(색상 무관)	벌	1	위생복장을 제대로 갖추지 않을 경우는 감점 처리됩니다.
21	도마	나무도마 또는 흰색	EA	1	
22	이쑤시개	조리용	EA	1	
23	쇠꼬챙이	조리용	EA	1	

목 차

 해파리냉채 **020**
 오징어냉채 **024**
 달걀탕 **028**
 새우완자탕 **032**
 탕수생선살 **036**

 새우 케첩볶음 **040**
 깐풍기 **044**
 라조기 **048**
 난자완스 **052**
 경장육사 **056**

 탕수육 **060**
 홍쇼두부 **064**
 마파두부 **068**
 짜춘권 **072**
 양장피 잡채 **076**

 고추잡채 **080**
 부추잡채 **084**
 채소볶음 **088**
 물만두 **092**
 증교자 **096**

 유니짜장면 **100**
 울면 **104**
 새우볶음밥 **108**
 빠스 옥수수 **112**
 빠스 고구마 **116**

· · · 일식 실기 · · ·

삼치 소금 구이 140

생선초밥 144

도미조림 148

갑오징어 명란 무침 152

대합술찜 156

도미술찜 160

모둠냄비 164

생선 모둠회 168

모둠튀김 172

소고기 양념튀김 176

도미 머리 맑은국 180

대합 맑은 국 184

된장국 188

전골냄비 192

참치 김초밥 196

김초밥 200

문어초회 204

소고기 간장구이 208

도미냄비 212

달걀찜 216

해삼초회 220

소고기 덮밥 224

꼬치냄비 228

튀김두부 232

달걀말이 236

우동볶음 240

메밀국수 244

전복버터구이 248

복어회 262

복어맑은탕 258

특별부록 〈핵심정리노트〉

중식 실기

- 중국요리의 특징

- 중식조리 기초과정

- 중식실기

중국요리의 특징

1 중국요리의 역사

중국은 수천 년의 역사와 광활한 대륙과 세계 최대의 인구를 가진 나라이다.

중국요리는 유유하게 흐르는 황하처럼 기나긴 역사를 가지고 있고 중국의 전통사상을 지배하는 유교, 도교, 불교, 음양오행사상 등의 영향을 받으며 동서남북에 따라서 상이한 기후와 지리적 특징, 다양한 식재료와 다양한 민족성에 따라 각 지역마다 각각의 특색을 가지면서 종합적인 복합 요리로 발달하였다.

중국요리는 넓은 대륙과 넓은 영해로 인해 매우 다양한 식재료를 이용한 다채로운 요리와 타의 추종을 불허하는 오묘한 맛을 가지고 있다.

특히 곤충, 뱀, 들쥐, 전갈, 제비집 등 우리의 상상을 초월하는 살아있는 모든 것을 재료로 사용하여 다양한 요리를 만들어 내고 있다.

중국요리가 고대로부터 확립되었다고 하는 것은 요리사 출신으로 재상의 지위까지 이윤(伊尹)이 저술한 《본미론》, 송나라 때 오자록이 저술한 《몽양록》, 청나라 때 미식가였던 원매가 저술한 《수원식단》 등 전해져 내려오는 수많은 요리책을 통해 알 수 있다.

각지의 자연조건, 생활습관, 경제·문화발전 상황이 다른 만큼 음식의 조리 방법과 재료가 같지 않아 남북 양대 음식 맛은 당송시기에 이르러 완성된 형태로 나타난 것으로 보고 있다.

청대(淸代)에 접어들면서 산동요리계통(산동, 북경, 동북지역), 강소요리계통(강소, 절강, 안휘 지역), 광동요리계통(복건, 대만, 광동, 해남도 지역), 사천요리계통(사천, 호남, 귀주, 운남 지역) 요리로 나뉘어져 이를 4대 요리라 부른다. 청(淸) 말기에 이르러 절강(浙江)지방, 복건(福建)지방, 호남(湖南)지방, 안휘(安徽)지방 요리가 다시 분화되어 8대 요리가 되었고 이후 북경(北京), 상해(上海)가 포함되어 10대 요리가 되었다.

중국 요리는 오천년의 발전을 거쳐 왔다. 역대로 궁중요리, 관청요리, 각 지방요리로 이루어졌지만 주체는 각 지방요리이다. 각 지방 요리 중 이름난 요리만 하여도 수천가지에 달하며 이런 요리들은 재료 선택과 조리 방법에 따라 서로 다른 맛을 낸다. 색, 향, 맛, 형태, 기물에 대한 연구와 이들이 조화와 통일을 이룸으로써 세계적으로 애호되는 요리의 하나가 되었다.

중국혁명의 선도자이자 정치가인 손중산은 일찍이 중국의 요리를 평가했는데 "중국 요리는 보배로운 문화 예술이며 세계에서도 으뜸이다"라고 말했다.

그만큼 중국에서는 요리를 예술의 경지까지 이르게 한 것이었는데 오늘날 풍부한 문화가 포함되어 있는 중국요리의 기술과 맛은 세계 일류라고 할 수 있다.

2 중국요리의 특징

중화요리의 목표는 "맛은 기본이고 영양이 목적이다"라고 한다. 이는 색(色), 향(香), 맛(味), 모양(形), 질감(滋), 영양(养) 등 6가지 요소가 하나로 어우러져 사람들에게 복합적인 것을 느끼게 하는데 그중에서도 맛을 즐기는 것이 기본이며 건강보양이 최종 목적이라는 것이 바로 중국요리의 특징이다.

중국요리의 일반적인 특징은 다음과 같다.

1 다양한 식자재

각 지역마다 기후와 지리적인 환경이 다르기 때문에 생산된 식품의 종류도 매우 다양하다. 제비집, 상어지느러미 같은 특수 식료품도 일품요리의 재료로 이용되고 있을 만큼 재료의 종류가 다양하고 광범위하다.

2 맛이 다양하고 풍부하다.

단맛, 짠맛, 매운맛, 신맛, 쓴맛 등의 오미(五味)를 잘 배합하여 창출해 내는 중국요리의 맛의 다양성은 세계의 어떤 요리도 따를 수 없는 특징이다.

또한 조미료가 다양하며 한 가지 조미료만 사용하지 않고 여러 가지 조미료를 조합시켜 맛을 내며 사용 순서에 따라 다양한 맛과 색을 낼 수 있다.

3 조리기구가 간단하고 사용하기 쉽다.

다양한 요리의 종류에 비하여 조리기구의 수가 적고 사용법도 간단하다. 훠궈(火鍋 : 중국냄비), 사궈(砂鍋 : 볶음 · 튀김냄비), 정룽(蒸籠 : 찜통), 러우사오(漏勺 : 그물조리) 외에 식칼, 국자, 뒤집개 등이 조리기구의 전부라 할 만큼 그 기구가 간단하지만 이 기구를 이용하여 다양한 요리를 만들어 낼 수 있다.

4 조리법이 다양하다.

조리방법을 크게 분류하면 기름을 이용해서 열을 전달하는 방법에는 초(炒), 폭(爆), 전(煎), 작(炸), 류(熘), 팽(烹), 첩(貼) 등이 있다. 물을 이용해서 열을 전달하는 방법에는 소(燒), 배(扒), 민(燜), 회(燴), 탄(汆), 자(煮), 돈(炖), 외(煨) 등이 있다. 수증기를 이용해서 열을 전달하는 방법에는 증(蒸), 고(烤) 등이 있다.

5 기름을 합리적으로 많이 사용한다.

중국 요리의 대부분이 기름에 튀기거나 조리거나 볶거나 지진 것이라 할 수 있을 만큼 기름이 많이 이용된다. 적은 재료로 많은 칼로리원(源)을 얻을 수 있고 풍미가 좋다.

6 시각적으로 외양이 화려하고 풍요롭다.

중국요리에서는 요리를 개별적으로 나누지 않고 먹을 사람이 많아지면 1가지 요리의 양을 늘리는 것이 아니라 요리의 가지 수를 늘려 담고 요리마다 장식을 한다.

7 녹말을 사용하여 만드는 요리가 많다.

수분과 기름이 분리되지 않게 유화시켜 맛과 영양의 손실을 막고 요리가 빨리 식는 것을 막기 위해 사용되어 진다.

8 강한 화력을 사용한다.

매우 높은 온도에서 빠른 시간에 요리가 완성되어지므로 재료의 맛과 향을 유지하여 영양소의 손실을 적게 하며 풍미가 살아있다.

3 중국요리의 지역별 특성

1 북경요리(北京料理) = 산동요리(山東料理)

황하유역과 북경, 천진, 하남 일대의 요리로 해산물을 위주로 한 연해지방의 초동요리와 탕류 위주의 내륙요리인 제남 요리로 나뉜다. 북경요리의 특징은 추위에 견디기 위해 기름을 많이 사용하는 볶음, 튀김 요리가 많다.

가장 대표적인 요리로는 황하의 잉어로 요리한 '탕수황하잉어', 북경오리구이 등이 있다.

2 상해요리(上海料理) = 강소(江蘇)요리 = 남경(南京)요리

양자강 중하류의 소주, 항주, 상해 일대의 요리를 말하며 해산물을 즐겨 사용하며 썰기를 중시한다. 특히 굽고 고는 요리가 유명하다. 대표적 요리로는 항주의 '서호초어', 진강의 '준치찜', 남경의 '남경소금오리구이' 등이 있다.

③ 사천요리(四川料理)

양자강 상류 사천성 일대를 지칭하며 중국음식 중에서 가장 독특한 요리라 할 수 있다. 고추, 마늘, 파, 산초, 후추 등의 조미료나 향신료를 많이 사용하여 형언할 수 없을 정도로 맵고, 시고, 얼얼하며 쓰고, 맵고, 향기롭고, 짠 등의 일곱 가지 맛을 다 가지고 있다.

대표적인 음식으로는 '마파두부', '어향육사', '궁보계정' 등이 있다.

④ 광동요리(廣東料理)

양자강 유역의 강서성 일대의 음식을 말하는데 광동 요리는 세계적으로도 유명하다. 담백하고 단 맛을 자랑하고 요리 중 제일 고급요리에 속한다.

책상만 빼놓고 다리 달린 것들은 뭐든 먹는다는 말이 바로 이 광동 요리에서 나온 것이다.

또한 일찍부터 서양 문화를 일찍 접하여 서양 채소, 토마토 케첩 등의 서양 재료들을 많이 사용한다.

대표적인 음식으로 레몬 닭고기 조림, '마늘쫑 민물생선요리', '돼지고기 케첩조림', '새끼돼지 바비큐 요리' 등이 있다. 또한 차를 마시면서 간식을 먹는 얌차라는 음식문화가 있어 대부분이지 역의 사람들은 얌차를 먹는 것으로 하루를 시작한다.

4 중국요리의 기본 썰기 방법

① 조각 편(片, piān 피엔)

재료의 단면을 칼을 뉘어 썰거나 직각으로 어슷하게 얇게 써는 방법이다.

고기나 생선을 넓게 포 뜨거나 채소를 얇게 편 썰 때 사용된다.

② 실 사(絲, sī 쓰)

채 써는 방법을 말한다. 먼저 얇게 편으로 썬 다음 한꺼번에 쌓아놓고 한쪽으로 뉘어가며 채썰기를 한다. 고기나 채소를 썰 때 사용된다.

③ 갈고리 정(丁, dīng 띵)

정육면체의 주사위 모양으로 써는 방법으로, 덩어리가 작다. 크기는 조(條)의 두께에 따라 썰은 것에서 결정된다. 육류나 채소를 조리하는 데 적합하다.

④ 덩어리 괴(塊, kuāi 콰이)

덩어리로 큼직하게 써는 것을 말하며, 2.5cm 정도의 크기로 일정한 모양 없이 다각형으로 써는 것으로 육류나 생선 등을 자를 때 많이 사용한다.

⑤ 나뭇가지 조(條, tiāo 티아오)

써는 형태는 사(絲)와 비슷하지만, 두께에서 차이가 난다. 재료를 먼저 편(片)으로 썬 후 다시 막대모양으로 썰기를 하는데, 두께가 있고 넓은 형태의 편으로 고기나 야채를 썰 때 사용된다.

⑥ 밀칠 배(排, pāi 파이)

재료를 평평하게 펴서 칼 앞쪽과 뒤끝을 이용하여 두들겨 연하게 하는 방법

⑦ 끝 말(末, mō 모)

채썬 재료를 다시 직각으로 썰어 쌀알 정도의 크기로 다지는 방법이다.

⑧ 때릴 추(捶, chuī 추이)

칼등으로 재료를 곱게 다지는 방법이다.

5 중국요리의 기본조리방법

① 짼(煎, 달일 전)

재료가 잠겨있지 않도록 팬에 기름을 두르고 미리 조미하여 처리된 재료를 넣고 중불에서 천천히 익히는 방법으로 비교적 긴 시간이 필요한 조리 방법이다.

2 먼(燜, 뜸들일 민)

　재료를 살짝 튀겨낸 후 냄비에 넣어 적당량의 육수와 조미료를 넣고 뚜껑을 덮은 후 약한 불에서 간이 베이도록 오랫동안 조리하는 방법이다.

3 짜아(炸, 튀길 작)

　팬에 다량의 기름을 넣고 가열한 후 재료를 넣어 튀겨내는 조리방법으로 겉은 타지 않으면서 바싹하고 속은 부드러워 재료의 고유한 맛을 살릴 수 있다.
- **靑炸**(칭짜아) – 재료에 밑간이나 전분을 묻히지 않고 튀기는 방법이다.
- **乾炸**(깐짜아) – 재료에 간을 하고 전분을 묻혀 튀기는 방법이다.

4 차오(炒, 볶을 초)

　재료를 알맞은 크기와 모양으로 칼질하여 센 불이나 중간불에서 짧은 시간에 볶으면서 익히는 조리법이며 단시간에 볶음 요리로 영양소 손실이 적어 조미료의 복합적인 향을 가장 많이 사용하여 맛을 낼 수 있는 중국요리에 하는 조리법이다.

5 팽(烹, 삶을 팽)

　물을 이용하여 조린 것(소스)에 튀기거나 지져낸 주재료를 넣어 센 불에서 섞어 졸이는 방법이다.

6 쩡(蒸, 찔 증)

　고온의 증기를 이용하여 찌는 방법으로 대나무로 만든 찜통을 주로 사용한다.
　중국 특유의 건조식품을 불릴 때나 전 처리한 재료를 익혀 낼 때에도 이 방법이 사용된다.

7 류(溜, 방울져 떨어질 류)

　튀기거나 찌거나 찐 주재료를 소스가 걸쭉하게 되면 섞거나 주재료 위에 끼얹는 조리 방법이다.

8 빠오(爆, 불길이 셀 폭)

　팬에서 재료를 센 불에서 재빠르게 조미하여 볶아내는 조리방법으로 아삭하고 재료 자체의 맛을 유지시킬 수 있다.

9 후-이(燴, 모아 끓일 회)

　전 처리한 재료를 육수와 함께 넣고 삶아 조미한 후 녹말물을 풀어 국물이 걸쭉한 상태로 만드는 방법이다.

10 샤오(燒, 익힐 소)

　조림을 뜻하는 말로 전 처리한 재료를 물과 조미료와 함께 넣고 오랫동안 푹 삶아 익히는 방법이다.

약한 불에서 은근하게 졸여 맛이 진하고 재료의 독특한 맛을 느낄 수 있다.

 **6** 중국요리에 많이 사용하는 재료

1 야채 및 향신료

① 죽 순

죽순은 대나무의 땅속 줄기에서 돋아나는 어린 연한 싹을 말한다. 채취 시기는 4~6월로 봄 사이에 잠깐 나오는 재료다. 생것으로 오래 보관하기 힘들어 주로 통조림을 사용한다. 죽순은 주로 튀김이나 볶음 요리에 사용된다.

② 청경채

청경채의 원산지는 중국 화중 지방으로, 명칭은 잎과 줄기가 푸른색을 띤 데서 유래하였다. 잎과 줄기가 흰색을 띠는 것은 백경채(白莖菜)라고 부른다. 대한민국에서 주로 사용하는 것은 잎이 푸른 청경채를 주로 사용한다.
중국요리에서는 청경채가 곁들여 먹는 야채로 이용되거나 굴소스와 청경채 만으로 만든 요리 등 폭 넓게 사용되고 있다.

③ 고 추

당초(唐椒), 번초(蕃椒)라고도 불리는 고추는 남미가 원산지로 우리나라에 들어온 것은 임진왜란 때 일본에서 들어왔다.
중국요리는 사천지방에서 특히 매운 고추요리가 많은데 보통 고추기름을 만들어 넣기도 하고 신선한 고추를 육류와 어우러져 기름에 살짝 볶아서 먹기도 한다.

④ 마 늘

마늘의 원산지는 중앙아시아나 이집트로 추정되며, 이집트의 피라미드 비문에 남아있을 정도로 그 역사가 오래된 식품중의 하나이다. 마늘은 성질이 뜨거워 말초혈관을 확장시켜 혈압을 내려준다. 육류, 어류, 패류 등의 요리에 향신료로 사용된다.

⑤ 팔 각

여덟 개의 씨방으로 이루어진 팔각은 상록수인 대회향의 열매로 대회향(大茴香)이라고도 한다. 음식의 향기를 증진시키며, 오래 끓이거나 푹 고는 요리, 밑 양념했다가 만드는 요리에 사용하는데 향이 강하므로 소량만 사용한다.

⑥ **계 피**

계수나무의 껍질인 계피(桂皮)는 향이 있고 맛은 청량하면서 달아 음식의 맛과 향을 좋게 한
다. 조리는 요리나 고는 요리에 많이 사용되며, 혈액 순환과 위액 분비를 촉진한다.

⑦ **정 향**

정향나무의 꽃 봉우리인 정향(丁香)은 맛이 맵고 뜨거운 성질로 위를 따뜻하게 하여 체기를
없애주어서 소화불량, 구토, 설사에 좋고 음식에 사용하여 구취를 없애주고 가공식품에 향을
내는데 사용한다.

⑧ **겨 자**

황색의 겨자 분말로 향신료로 쓰기도 하고 물에 개어 샐러드의 조미료로도 쓴다.
맛의 기준은 사람마다 다르지만 겨자마늘소스의 경우 겨자의 톡 쏘는 맛을 내는 게 가장 중요
하다. 주로 냉채소스에 사용된다.

2 해산물

① **해삼**(海蔘)

해서(海鼠)라고도 불리는 해삼은 담백한 맛을 내며 중국요리에서 많이 사용된다.
건조 상태에 따라 건해삼과 생해삼이 있는데 건해삼은 해삼을 말린 것으로 색깔이 검고 가시
고 돋고 흠이 없는 것이 상품으로 치며, 중식에서는 건해삼을 주로 사용한다.
해삼은 영양가가 높아 '바다의 인삼'으로 불리는 데 단백질과 무기질인 칼슘과 철분, 인이 많
이 들어 있다.

② **제비집**(金絲燕窩)

제비집은 둥지 모양이 완전하고 둥지가 크고 두껍고, 색이 희고 반투명하며, 밑바닥이 제비
깃털이 적게 든 것을 최고 상품으로 친다. 제비집을 사용하는 방법은 따뜻한 물에 3~4시간
담가 불려 이물질을 제거하고 끓는 물에 신속하게 데쳐 부드럽게 하여 용도에 맞게 탕이나 스
프류에 사용한다.

③ **상어지느러미**(魚翅)

중국어로 위츠[魚翅]라고 하는 샥스핀은 상어지느러미를 말린 것으로 중국 3대 진미(전복, 제
비집) 중의 하나로 광동지방에는 '無翅不成席(샥스핀이 없으면 연회라 말할 수 없다)'라는 말
이 있을 정도로 중국인들에게는 없어서는 안 될 귀한 고급 식재료이다.
일반적으로 샥스핀은 무색, 무미, 무취로서 말린 샥스핀을 육수에 불리거나 그릇에 담아 찌는
과정을 거친 후에 다양하게 요리하여 먹는다. 주로 탕이나 스프에 이용한다.

④ **건패**(乾貝)

패총류, 키조개, 가리비 등의 살을 골라서 햇빛에 말린 것으로 중국요리에서 육수를 내거나 소스를 만들 때 많이 이용된다. 건패를 이용한 소스 중 우리가 가장 손쉽게 볼 수 있는 × · ○ 소스도 이 건패를 이용하여 만든 것이며, 건패가 우러난 육수는 삭스핀 탕이나 연화 탕 등 고급 요리에 많이 사용된다.

⑤ **해파리**

해파리는 바다에 떠있는 달과 같다하여 해월이라고도 부른다. 해파리는 95%가 물이고 콜라겐이 많이 함유되어 피부미용에 좋고 지방이나 당분이 거의 없어 다이어트식으로 우수한 식품이다. 중국음식에서는 해파리는 명반과 수분으로 압착하여 순분을 없애고 깨끗이 씻은 뒤 다시 소금에 절인 것이다. 주로 냉채용 해파리, 전채요리, 초밥용 해파리 등에 사용되고, 다리부분은 중국과 일본, 태국 등에서 다리부분을 식자재로 사용하고 있다.

⑥ **전 복**

중국요리에서 4대 해산물(삭스핀, 해삼, 부레, 전복)중 하나인 전복은 연황색으로 맑고 투명하며 탄력성이 있는 것이 좋다. 중식당에서는 건전복도 많이 사용하며 광택이 있고 타원형으로 크기가 고르며 잘 마른 것을 상품으로 친다.

3 버섯류 및 기타재료

① **목이버섯**(木耳)

몸 전체가 아교질의 반투명이며 울퉁불퉁하게 물결처럼 굽이친 귀 모양을 이루고 있어 목이버섯이라 불리며 고목에 기생하는 버섯류이다. 중국요리에 표고버섯만큼 많이 사용되어진다. 색상이 검고 빛나며, 육질이 얇고 송이가 크며 부드러우며 잘게 부서지지 않는 것이 가장 상품이다.

② **표고버섯**

모양은 원형, 타원형으로 고르고 일정하며 갓이 70% 정도로 피고 고유의 모양을 갖추고 연갈색 바탕에 거북이 등처럼 갈라져 흰줄 무늬가 있는 것으로 전체가 오그라드는 모양을 하고 두꺼우며 광택이 나는 것이 좋다. 갓이 덜 피어 작으며 단단한 것을 동고(冬菇)라 하며, 갓이 활짝 핀 것을 향신(香信), 동고와 향신 중간 정도로 갓이 적당히 핀 것을 향고(香菇)라 한다.

③ **초고버섯**

초고버섯은 중국요리에 다양하게 사용하는 버섯으로 모양이 독특하여 일명 총각버섯으로 불리우고, 맛이 신선하고 아삭거린다. 국내에서는 주로 염장 통조림 상태의 것을 이용한다. 광동 요리에 많이 사용된다.

비타민 C가 풍부하고 콜레스테롤 수치를 낮추어 준다.

④ 양송이버섯

양송이버섯은 송이버섯과의 담자균류에 속하는 식용버섯으로 향과 맛이 뛰어나다.
중식에서 양송이버섯은 탕이나 육류나 해산물의 부재료로 많이 사용되며, 요리에 사용할 때는 겉껍질을 벗겨내고 사용해야 먹을 때 이물감이 없다.

⑤ 피단(皮蛋)

원래는 중국에서 제조되고 있던 오리알을 흙과 재, 소금과 석회를 쌀겨와 함께 섞은 것을 두 달 이상 담궈 응고시킨 식품으로 송화단이라고도 한다. 달걀이나 메추리의 알을 사용하여 제조되기도 한다. 전채요리에 많이 사용되어 진다.

⑥ 당면(糖麵)

녹두 · 감자 · 고구마 등의 녹말을 원료로 하여 열탕에서 반죽하여 풀처럼 만들어 40℃ 정도의 더운물을 붓고 치대어 구멍이 많이 뚫린 국수틀을 통해 끓는 물이 있는 솥에 넣는다. 국수가 익어 떠오르면 건져내어 물통에 넣고 식힌 다음 얼린다. 이것들을 냉수에 다시 녹여 햇볕에 말린 후 제품화한다. 호면(胡麵)이라고도 한다.

⑦ 시미로(西米露)

시미로는 열대 뿌리채소 타피오카를 갈아 전분으로 만든 식재료이다. 사용하는 방법은 시미를 끓는 물에 넣으면 어느 순간 투명하게 변한 시미가 이슬처럼 위로 떠오른다. 떠 오른 시미로를 찬물에 식히고 전분 기를 제거하여 사용하는데 주로 후식으로 많이 사용한다.

⑧ 양분피(洋粉皮)

양장피라 불리우는데 양분(洋粉)은 서양 가루, 즉 밀가루를 말한다.
그런데 밀가루는 점성이 적어 전분으로 양장피를 만드는데 감자전분은 비싸서 고구마나 옥수수 전분를 사용하여 만든다.
시중에서 파는 양장피는 지름 30cm 정도되는 얇고 둥그런 원형인데 삶아서 냉채로 이용하거나 튀겨서 마른안주로 이용한다.

4 조미재료

① 춘 장

춘장은 삶은 대두를 밀가루와 소금, 누룩을 4개월 이상 발효시켜 만든 중국식 된장이다. 본래의 명칭은 첨면장(恬麵醬)이며, 한국의 춘장은 첨면장에 캐러멜과 MSG와 같은 화학조미료들을 혼합하여 색을 검게 만들어 한국인의 입맛에 맞게 변형된 장류이다. 돼지고기볶음, 자장면 등에 이용된다.

② 파 기름(葱油)

총유(葱油)라고도 하는 데 대파의 향긋한 냄새와 닷이 나는 기름이다. 만드는 방법은 식용유에 대파를 넣고 가열하여 대파가 갈색이 나면 불에서 내린다.
요리에 파 기름을 사용하면 음식의 잡맛이 없어지고, 풍미가 더해진다.

③ 고추기름(辣油)

라유(辣油)라고도 불리운다.
고춧가루에 식용유를 붓고 약 불에서 고춧가루가 타지 않도록 잘 저어주어 매운맛 성분을 추출해낸 조미재료로 기호에 따라 생강, 마늘을 사용하기도 한다.
사천요리나 매운맛을 내는 요리에 사용된다.

④ 노두유(老頭油)

노추라고도 하며 광동 요리에서 많이 사용하는 색깔이 진한 중국 전통 간장으로 맛은 약간 달고 연한 짠맛을 가지고 있다. 우리나라에서는 중국 요리나 채소볶음 요리에 사용된다.

⑤ 굴 소스(蚝油)

호유(蚝油)라고도 하며 중국요리에서 폭 넓게 사용하는 조미재료이다.
굴을 으깬 다음 바싹 조려서 소금에 절여 발효시킨 것이다. 짙은 갈색을 띠며 걸쭉한 느낌이 든다. 맛은 짠맛과 달고 신선한 바다 향이 감도는데 해물요리에 잘 어울리고 광동 요리에 주로 사용되어진다.

⑥ 해선장(海鮮醬)

호이신 소스(Hoisin Sauce)라고도 부른다. 호이신(Hoisin)이란 '해선장'의 '해선(海鮮)'을 중국어(광둥어)로 발음한 것이다. 해선장이라는 이름에서 해산물이 연상되지만, 해산물은 사용하지 않고 대두, 밀가루, 고추, 마늘, 향신료 등을 넣어 발효시킨 싱거운 장이다.
짠맛과 단맛이 주로 나며 특유의 고소하면서도 독특한 향을 가지고 있다.
산동요리에 많이 사용하는 장류이다.

⑦ 두반장(豆瓣醬)

중국요리에서 라유와 함께 매운맛의 기초가 되는 장류로 사천요리에 많이 사용되어진다.
불그스름한 갈색으로 생고추, 소금, 발효시킨 대두를 섞어 만든 걸쭉하고 풍미가 강한 장이다.

⑧ X O 소스

돼지 다리로 만든 중국식 햄, 조개, 새우, 전복, 마늘, 건 고추, 향신료 등을 곱게 갈아서 기름에 한 번 튀겨낸 다음 고추기름에 다시 볶아서 만들어 낸 매운맛 나는 소스이다.
육류, 채소, 해산물, 두부, 볶음밥 등에 매콤한 맛을 낼 때 사용된다.

⑨ **중화매실소스**(蘇梅醬)

발효 매실, 쌀 식초, 생강, 고추로 만든 소스로 달콤하고 새콤한 맛이 특징이다.

중식조리 기초과정

 **불린 앙금 만들기**

❶ 물과 녹말을 동량으로 넣는다.

❷ 녹말이 가라 앉으면 물을 따라낸다.

❸ 완성된 불린 앙금

② 겨자소스 만들기

❶ 겨자가루에 따뜻한 물 동량으로 넣어주기

❷ 수저로 겨자가루 부드럽게 개어 놓기

❸ 겨자 숙성시키기

❹ 숙성겨자에 소금 넣기

❺ 설탕넣기

❻ 식초넣기

❼ 겨자소스에 마지막으로 참기름 넣기

3 갑오징어에 칼집 넣는 방법

❶ 오징어에 일정한 간격으로 길이로 비스 듬히 칼집 넣기

❷ 오징어를 자른다.

❸ 세로로 칼집낸 방향의 직각으로 비스듬 히 칼집을 넣는다.

❹ 두번째 칼집을 넣는다.

❺ 두번째 칼집 낸 곳을 자른다.

4 고추기름 만들기

① 팬에 고춧가루와 두배의 기름을 넣는다.

② 약불에서 볶아준다.

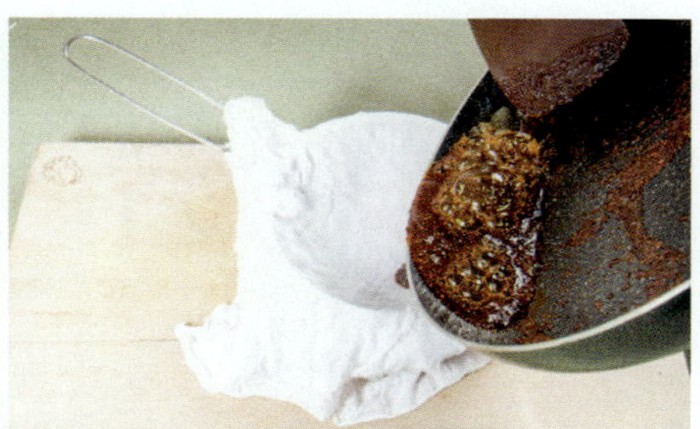

③ 면포나 고운체에 거른다.

④ 완성된 고추기름

5 닭뼈 발라내는 방법

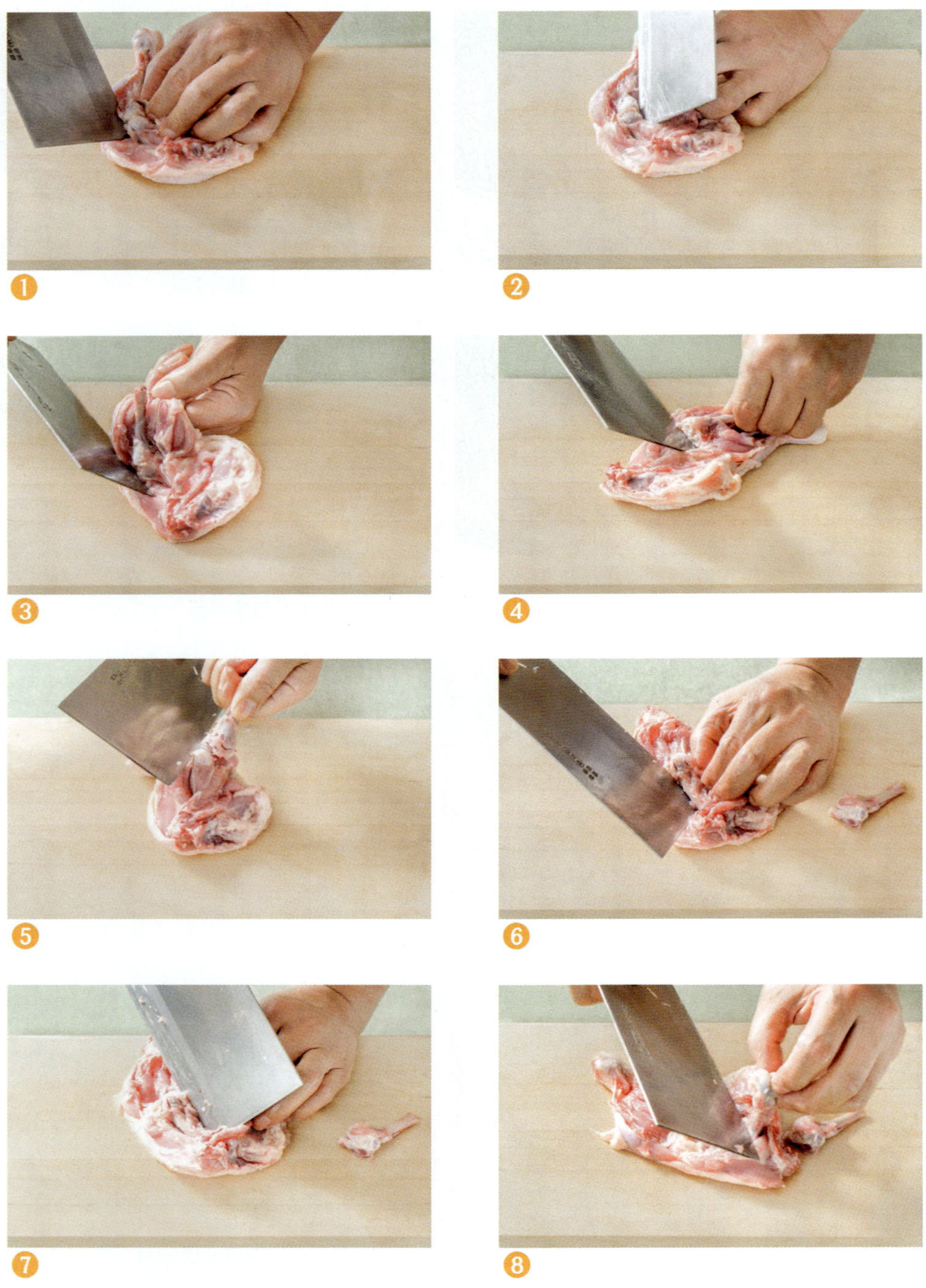

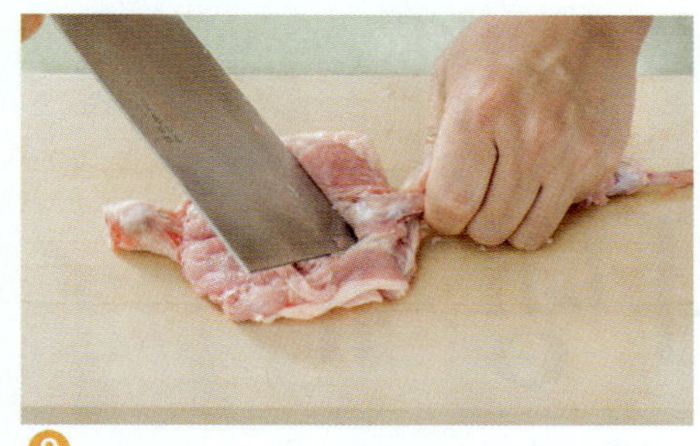

⑨

⑩

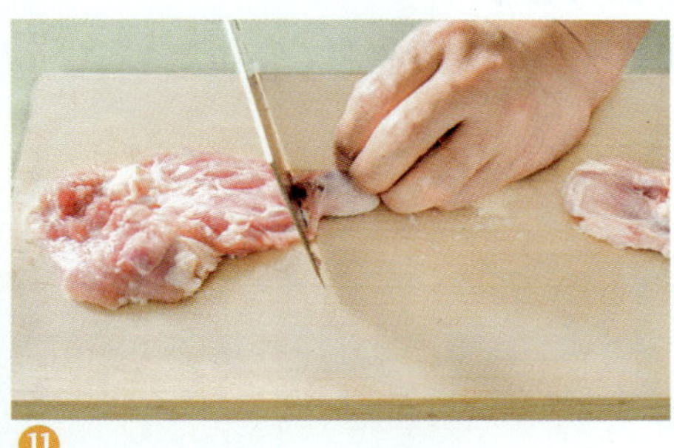

⑪

참고 문헌

정윤두 외, 2009 호텔 중국요리   백산 출판사

추적생 외, 2007 차이나 푸드 21   형설 출판사

조성문 외, 2005 중국요리   광문각

이무영 외, 2013 맛있는 중국요리   교문사

시험시간 **20분**

중식 실기

해파리냉채

凉拌海蜇皮

서늘할 량 뒤섞을 반 바다 해 쏠 철 가죽 피

재 료

해파리 150g
오이(가늘고 곧은 것 20cm 정도) 1/2개
마늘(중, 깐 것) 3쪽
식초 45ml
백설탕 15g
소금 7g
참기름 5ml

★ **마늘소스** : 다진 마늘 1T, 설탕 1T, 식초 1T,
　　　　　　　소금 · 참기름 약간

요구사항

※ 주어진 재료를 사용하여 다음과 같이 해파리 냉채를 만드시오.
1. 해파리는 염분을 제거하고 살짝 데쳐서 사용하시오.
2. 오이는 0.2cm×6cm 정도 크기로 어슷하게 채를 써시오.
3. 해파리와 오이를 섞어 마늘소스를 끼얹어 내시오.

수험자 유의사항

1) 만드는 순서에 유의하며, 위생과 숙련된 기능평가를 위하여 조리작업 시 맛을 보지 않습니다.
2) 지정된 수험자지참준비물 이외의 조리기구나 재료를 시험장내에 지참할 수 없습니다.
3) 지급재료는 시험 전 확인하여 이상이 있을 경우 시험위원으로부터 조치를 받고 시험 중에는 재료의 교환 및 추가지급은 하지 않습니다.
4) 요구사항의 규격은 "정도"의 의미를 포함하며, 지급된 재료의 크기에 따라 가감하여 채점합니다.
5) 위생상태 및 안전관리 사항을 준수합니다.
6) 다음 사항에 대해서는 채점대상에서 제외하니 특히 유의하시기 바랍니다.
　　가) 기권-수험자 본인이 시험 도중 시험에 대한 포기 의사를 표현하는 경우
　　나) 실격-(1) 가스레인지 화구 2개 이상(2개 포함) 사용한 경우
　　　　　　(2) 불을 사용하여 만든 조리작품이 작품특성에 벗어나는 정도로 타거나 익지 않은 경우
　　　　　　(3) 시험 중 시설 · 장비(칼, 가스레인지 등) 사용 시 감독위원 및 타수험자의 시험 진행에 위협이 될 것으로 감독위원 전원이 합의하여 판단한 경우
　　다) 미완성-(1) 시험시간 내에 과제 두 가지를 제출하지 못한 경우
　　　　　　　(2) 문제의 요구사항대로 과제의 수량이 만들어지지 않은 경우
　　라) 오작-(1) 구이를 찜으로 조리하는 등과 같이 조리방법을 다르게 한 경우
　　　　　　(2) 해당과제의 지급재료 이외의 재료를 사용하거나 석쇠 등 요구사항의 조리도구를 사용하지 않은 경우
　　마) 요구사항에 표시된 실격, 미완성, 오작에 해당하는 경우
7) 항목별 배점은 위생상태 및 안전관리 5점, 조리기술 30점, 작품의 평가 15점입니다.

① 해파리 여러번 헹군 후 식초 약
간 넣어주기

② 70℃ 온도의 물에 넣어 해파리
살짝 데치기

③ 데친 해파리 찬물에 담그어 재빨
리 헹구기

④ 식초, 설탕, 물 약간 넣어 재워놓
기

⑤ 오이 6cm로 어슷 편썰어

⑥ 오이 채썰기(0.2cm)

⑦ 마늘 다지기

⑧ 마늘소스 만들기

⑨ 마늘소스 만들기

⑩ 식초, 참기름 넣어 마늘 소스 완
성하기

⑪ 해파리 꼭 짜 놓기

⑫ 오이, 해파리에 마늘소스 넣기

⑬ 오이, 해파리 버무리기

⑭ 접시에 담은 후 마늘소스 끼얹기

 ## 만드는 법

1 해파리는 물에 주물러 씻어 여러 번 물에 헹구어 식초를 약간 넣은 물에 담궈 놓는다.

2 물에 약간의 식초를 넣어 끓으면 불을 끄고 온도를 70~80℃로 식힌 물에 살짝 데친 후 바로 찬물에 행군 다음 식초 2T, 설탕 ½T, 물 2T에 버무린다. 해파리가 투명해지고 부드러워지면 물기를 짜서 준비해 놓는다.

3 오이는 소금으로 비벼 씻어 6cm 길이에 두께 0.2cm로 어슷썰기한 후 채로 썬다.

4 다진 마늘 1T, 설탕 1T, 식초 1T, 소금, 참기름 약간 넣고 잘 저어서 소금과 설탕을 녹여 마늘 소스를 만든다.

5 해파리, 오이채를 그릇에 넣고 젓가락으로 잘 버무려 접시에 담고 마늘 소스를 해파리 위에 끼얹어낸다.

POINT

❖ 해파리는 너무 높은 온도에서 데치면 심하게 오그라들어 질겨 지므로 주의한다.

❖ 데친 해파리에 식초를 넣어 주물러 주면 투명하고 부드러워진다.

❖ 해파리냉채는 내기 직전에 버무려 낸다.

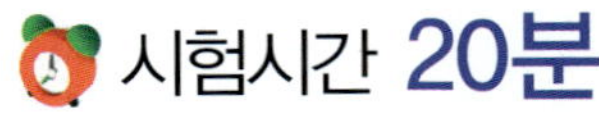 시험시간 **20분**

• 중식 실기 •

오징어냉채

凉拌魷魚

서늘할 량 뒤섞을 반 오징어 우 물고기 어

재 료

갑오징어 살(오징어대체가능) 100g
오이(가늘고 곧은 것 20cm정도) 1/3개
겨자 20g
식초 30ml
백설탕 15g
소금(정제염) 2g
육수(또는 물) 20ml
참기름 5ml
★ **겨자소스** : 발효겨자 1/2T, 설탕 1T, 식초 1T,
　　　　　　육수(물) 1/2T, 소금 · 참기름 약간

요구사항

※ 주어진 재료를 사용하여 다음과 같이 오징어 냉채를 만드시오.
1. 오징어 몸살은 종횡으로 칼집을 내어 3~4㎝ 정도로 썰어 데쳐서 사용하시오.
2. 오이는 얇게 3㎝ 정도 편으로 썰어 사용하시오.
3. 겨자를 숙성시킨 후 소스를 만드시오.

수험자 유의사항

1) 만드는 순서에 유의하며, 위생과 숙련된 기능평가를 위하여 조리작업 시 맛을 보지 않습니다.
2) 지정된 수험자지참준비물 이외의 조리기구나 재료를 시험장내에 지참할 수 없습니다.
3) 지급재료는 시험 전 확인하여 이상이 있을 경우 시험위원으로부터 조치를 받고 시험 중에는 재료의 교환 및 추가지급은 하지 않습니다.
4) 요구사항의 규격은 "정도"의 의미를 포함하며, 지급된 재료의 크기에 따라 가감하여 채점합니다.
5) 위생상태 및 안전관리 사항을 준수합니다.
6) 다음 사항에 대해서는 채점대상에서 제외하니 특히 유의하시기 바랍니다.
　　가) 기권–수험자 본인이 시험 도중 시험에 대한 포기 의사를 표현하는 경우
　　나) 실격–(1) 가스레인지 화구 2개 이상(2개 포함) 사용한 경우
　　　　　　 (2) 불을 사용하여 만든 조리작품이 작품특성에 벗어나는 정도로 타거나 익지 않은 경우
　　　　　　 (3) 시험 중 시설 · 장비(칼, 가스레인지 등) 사용 시 감독위원 및 타수험자의 시험 진행에 위협이 될 것으로 감독위원 전원이 합의하여 판단한 경우
　　다) 미완성–(1) 시험시간 내에 과제 두 가지를 제출하지 못한 경우
　　　　　　　 (2) 문제의 요구사항대로 과제의 수량이 만들어지지 않은 경우
　　라) 오작–(1) 구이를 찜으로 조리하는 등과 같이 조리방법을 다르게 한 경우
　　　　　　 (2) 해당과제의 지급재료 이외의 재료를 사용하거나 석쇠 등 요구사항의 조리도구를 사용하지 않은 경우
　　마) 요구사항에 표시된 실격, 미완성, 오작에 해당하는 경우
7) 항목별 배점은 위생상태 및 안전관리 5점, 조리기술 30점, 작품의 평가 15점입니다.

❶ 겨자가루 따뜻한 물로 개기

❷ 겨자 숙성시키기

❸ 오이 3cm 어슷 반달 썰기

❹ 오징어 길이로 칼집 넣기

❺ 칼집 낸 방향의 직각으로 칼을 옆으로 넣어 칼집 넣기

❻ 끓는 소금물에 데친 후 찬물에 헹구기

❼ 숙성 겨자에 소금 넣기

❽ 설탕 넣기

❾ 식초 넣기

❿ 겨자소스에 마지막으로 참기름 넣기

⓫ 겨자소스 넣기

⓬ 겨자소스 넣어 버무리기

 만드는 법

1 겨자가루 1T에 냄비에 데운 40℃의 물 1T을 넣어 부드럽게 개어 그릇 안쪽에 얇게 펴 바른 후 냄비 뚜껑에 엎어 매운 맛이 나도록 발효시킨다.

2 오징어는 내장을 제거하고 껍질과 얇은 막을 벗겨낸 후 안쪽에 세로 방향으로 칼집을 넣고 가로 방향(옆)으로 다시 칼집을 넣어 길이4cm×너비3cm 크기로 썬다.

3 끓는 물에 소금을 넣고 손질한 오징어를 데쳐 찬물에 헹구어 물기를 없앤다.

4 오이는 길이로 반을 자른 후 길이 3cm, 두께 0.2cm로 썬다.

5 **1**의 발효겨자 1/2T, 설탕 1T, 소금을 넣어 잘 풀어 준 후 식초 1T, 육수 ½T을 넣어 묽게 풀어 준 다음 참기름을 넣어 겨자소스를 만든다.

6 오징어, 오이를 그릇에 담고 소스를 반만 넣어 잘 버무린 후 완성그릇에 담고 나머지 소스를 살짝 얹어낸다.

POINT

❖ 오징어 칼집은 안쪽에 간격과 깊이를 일정하게 하여 썰어야 모양이 좋다.

❖ 오징어냉채는 제출 직전에 무쳐 담아낸다.

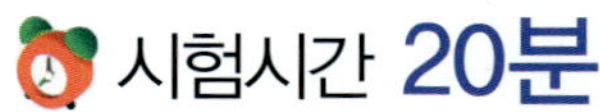

시험시간 20분

달걀탕

鷄蛋湯

닭 계 새알 단 끓일 탕

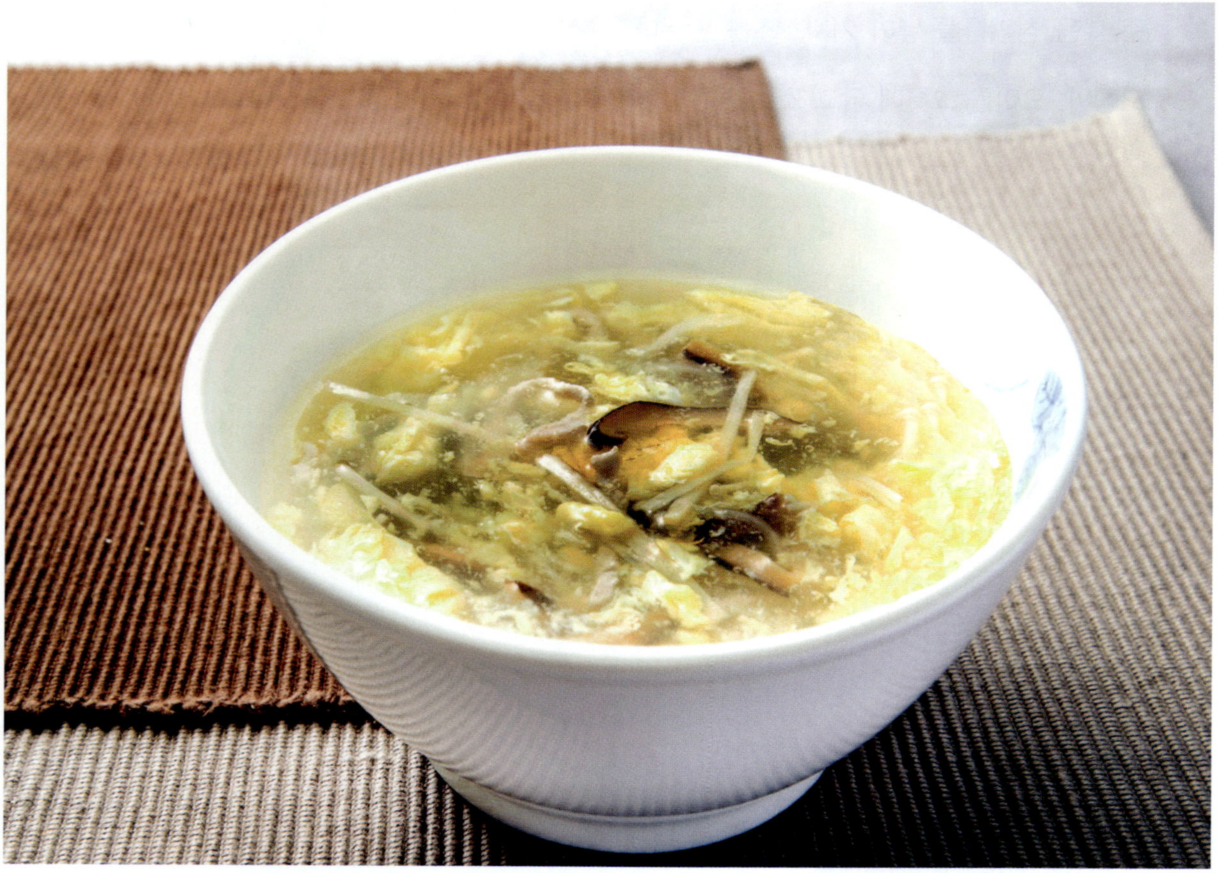

재 료

돼지등심(살코기) 10g
대파(흰부분, 6cm 정도) 1토막
건표고버섯(지름 5cm정도, 물에 불린 것) 1개
죽순(통조림(whole), 고형분) 20g
녹말가루(감자전분) 15g
소금(정제염) 4g
참기름 15ml

달걀 1개
건해삼(불린 것) 20g

팽이버섯 10g
진간장 15ml
흰후춧가루 2g
육수(또는 물) 450ml

요구사항

※ 주어진 재료를 사용하여 다음과 같이 달걀탕을 만드시오.
1. 대파와 표고, 죽순은 4cm 정도의 채로 써시오.
2. 해삼, 돼지고기, 채소는 데쳐서 사용하시오.
3. 스프의 색이 혼탁하지 않게 하시오.

수험자 유의사항

1) 만드는 순서에 유의하며, 위생과 숙련된 기능평가를 위하여 조리작업 시 맛을 보지 않습니다.
2) 지정된 수험자지참준비물 이외의 조리기구나 재료를 시험장내에 지참할 수 없습니다.
3) 지급재료는 시험 전 확인하여 이상이 있을 경우 시험위원으로부터 조치를 받고 시험 중에는 재료의 교환 및 추가지급은 하지 않습니다.
4) 요구사항의 규격은 "정도"의 의미를 포함하며, 지급된 재료의 크기에 따라 가감하여 채점합니다.
5) 위생상태 및 안전관리 사항을 준수합니다.
6) 다음 사항에 대해서는 채점대상에서 제외하니 특히 유의하시기 바랍니다.
　　가) 기권-수험자 본인이 시험 도중 시험에 대한 포기 의사를 표현하는 경우
　　나) 실격-(1) 가스레인지 화구 2개 이상(2개 포함) 사용한 경우
　　　　　　(2) 불을 사용하여 만든 조리작품이 작품특성에 벗어나는 정도로 타거나 익지 않은 경우
　　　　　　(3) 시험 중 시설·장비(칼, 가스레인지 등) 사용 시 감독위원 및 타수험자의 시험 진행에 위협이 될 것으로 감독위원 전원이 합의하여 판단한 경우
　　다) 미완성-(1) 시험시간 내에 과제 두 가지를 제출하지 못한 경우
　　　　　　(2) 문제의 요구사항대로 과제의 수량이 만들어지지 않은 경우
　　라) 오작-(1) 구이를 찜으로 조리하는 등과 같이 조리방법을 다르게 한 경우
　　　　　　(2) 해당과제의 지급재료 이외의 재료를 사용하거나 석쇠 등 요구사항의 조리도구를 사용하지 않은 경우
　　마) 요구사항에 표시된 실격, 미완성, 오작에 해당하는 경우
7) 항목별 배점은 위생상태 및 안전관리 5점, 조리기술 30점, 작품의 평가 15점입니다.

① 표고 채썰기

② 대파, 죽순 채썰기

③ 팽이 썰기

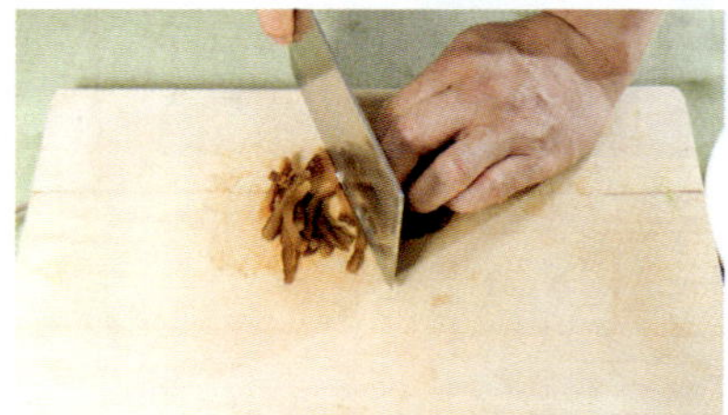

④ 해삼 채썰기

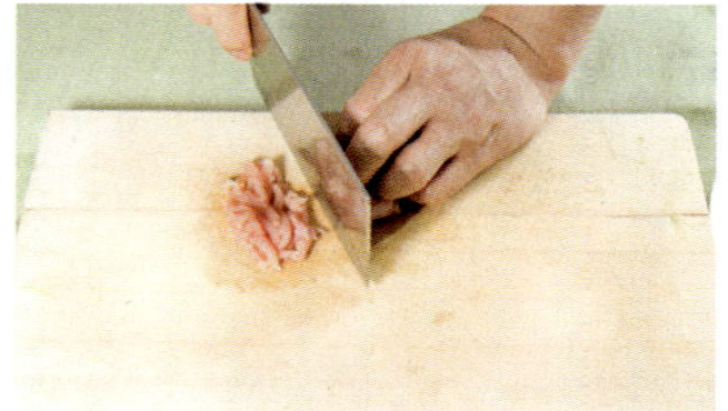

⑤ 돼지고기 채썰기

⑥ 표고, 해삼 데치기

⑦ 죽순, 돼지고기 데치기

⑧ 달걀 풀어 놓기

⑨ 물 녹말 만들기(녹말 1T, 물 2T)

⑩ 육수에 돼지고기 넣기

⑪ 해삼 넣은 후 간장색, 소금간하기

⑫ 죽순, 표고, 팽이, 대파채 넣어 주기

⑬ 물녹말로 농도 조절하기

⑭ 달걀 체에 내려 부드럽게 익힌 후 참기름 약간 넣어 완성하기

 ## 만드는 법

1 불린 표고는 기둥을 떼어낸 후 저며서 4cm 길이로 채 썰고 대파, 팽이도 4cm 길이로 채 썬다.

2 죽순은 빗살 제거 후 얇게 저며 4cm 길이로 채 썰어 놓는다.

3 돼지고기는 핏물제거 후 4cm 길이로 채 썰고, 해삼은 내장제거하고 씻어 4cm 길이로 채 썬다.

4 표고, 해삼, 죽순, 돼지고기 순으로 끓는 물에 데친 후 헹군다.

5 녹말 1T, 물 2T을 섞어 물 녹말을 만들고, 달걀은 잘 풀어 준비한다.

6 냄비에 물 2½C을 넣어 끓으면 돼지고기와 해삼을 넣어 끓이다 떠오르는 거품을 제거하고 소금, 간장 약간, 흰 후추를 넣어 간을 한다.

7 5에 죽순, 표고, 팽이, 파 채를 순서대로 넣고 물 녹말로 걸쭉하게 농도를 낸 후 달걀 물을 굵은체에 내리며 뭉쳐지지 않게 풀어가며 익힌다.

8 참기름을 약간 넣어 완성한다.

POINT

❖ 달걀 탕에 물 녹말로 농도를 잘 맞춘 후 달걀 물을 넣어준다.

❖ 달걀 물을 넣은 후 많이 저어주면 완성품의 국물이 탁해지므로 주의한다.

❖ 달걀 물을 풀 때 약한 불에서 익혀야 부드럽고 덩어리가 안 생긴다.

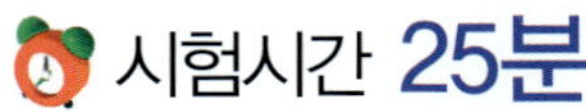 시험시간 **25분**

새우완자탕

蝦丸子湯

새우 하 알 환 아들 자 끓일 탕

재 료

작은 새우 살 100g
양송이(통조림 whole, 큰 것) 1개
대파(흰 부분, 6cm 정도) 1토막
죽순(통조림 whole, 고형분) 50g
진간장 10ml
소금(정제염) 10g
참기름 10ml

청경채 1포기
달걀 1개
생강 5g
녹말가루(감자전분) 30g
청주 30ml
검은 후추가루 5g
육수(또는 물) 400ml

요구사항

※ 주어진 재료를 사용하여 다음과 같이 새우완자탕을 만드시오.
1. 새우는 내장을 제거하여 다지고, 채소는 3cm 정도 편으로 썰어 사용하시오.
2. 완자는 새우 살과 달걀흰자, 녹말가루를 이용하여 2cm 정도 크기로 6개 만드시오.
3. 완자는 손이나 수저로 하나씩 떼어 삶아 익히시오.
4. 국물은 맑게 하고, 양은 200mL 정도 내시오.

수험자 유의사항

1) 만드는 순서에 유의하며, 위생과 숙련된 기능평가를 위하여 조리작업 시 맛을 보지 않습니다.
2) 지정된 수험자지참준비물 이외의 조리기구나 재료를 시험장내에 지참할 수 없습니다.
3) 지급재료는 시험 전 확인하여 이상이 있을 경우 시험위원으로부터 조치를 받고 시험 중에는 재료의 교환 및 추가지급은 하지 않습니다.
4) 요구사항의 규격은 "정도"의 의미를 포함하며, 지급된 재료의 크기에 따라 가감하여 채점합니다.
5) 위생상태 및 안전관리 사항을 준수합니다.
6) 다음 사항에 대해서는 채점대상에서 제외하니 특히 유의하시기 바랍니다.
　가) 기권-수험자 본인이 시험 도중 시험에 대한 포기 의사를 표현하는 경우
　나) 실격-(1) 가스레인지 화구 2개 이상(2개 포함) 사용한 경우
　　　　　(2) 불을 사용하여 만든 조리작품이 작품특성에 벗어나는 정도로 타거나 익지 않은 경우
　　　　　(3) 시험 중 시설·장비(칼, 가스레인지 등) 사용 시 감독위원 및 타수험자의 시험 진행에 위협이 될 것으로 감독위원 전원이 합의하여 판단한 경우
　다) 미완성-(1) 시험시간 내에 과제 두 가지를 제출하지 못한 경우
　　　　　(2) 문제의 요구사항대로 과제의 수량이 만들어지지 않은 경우
　라) 오작-(1) 구이를 찜으로 조리하는 등과 같이 조리방법을 다르게 한 경우
　　　　　(2) 해당과제의 지급재료 이외의 재료를 사용하거나 석쇠 등 요구사항의 조리도구를 사용하지 않은 경우
　마) 요구사항에 표시된 실격, 미완성, 오작에 해당하는 경우
7) 항목별 배점은 위생상태 및 안전관리 5점, 조리기술 30점, 작품의 평가 15점입니다.

① 대파, 양송이 썰기

② 청경채 썰기(3cm 편)

③ 죽순 편썰기(3cm 편)

④ 청경채 데치기

⑤ 죽순 데치기

⑥ 내장 제외한 새우를 칼등으로 곱게 다지기

⑦ 밑간한 다진 새우살에 흰자, 녹말가루 넣어주기

⑧ 젓가락으로 저어주기

⑨ 직경 2cm 완자 만들기(6개)

⑩ 끓는 물에 넣어 익히기

⑪ 건져서 그릇에 담기

⑫ 육수 면포에 거르기

⑬ 간장색, 소금간하기

⑭ 끓는 육수에 부재료 넣고 불고고 참기름 약간 넣기

⑮ 국물 부어주기

 **만드는 법**

1 죽순, 청경채는 1×3cm로 썰어 끓는 소금물에 데친다.
  • 대파는 1×3cm로 썰고 양송이버섯은 모양대로 얇게 썰어 놓는다.

2 새우 살은 내장을 제거한 후 물기를 없애고 곱게 다져 소금, 청주, 생강즙, 후추로 양념한다.

3 **2**에 흰자 1T, 녹말가루 1T을 넣고 젓가락을 이용하여 끈기가 생기도록 저어준다.

4 냄비에 물 2½컵을 붓고 끓으면 **3**의 새우 살을 왼손에 쥐어 2cm 정도의 완자를 빚어 숟가락으로 떠 넣어 익힌다.(6개) 거품을 거두며 익혀 완성그릇에 완자만 담고 육수는 면포에 걸러준다.

5 냄비에 **4**의 육수를 넣고 끓어오르면 간장 약간, 소금 1t, 청주 1t를 넣고 죽순, 양송이, 청경채를 넣고 끓이다 대파를 넣고 불을 끈 후 참기름을 약간 넣어 완성한다.

6 완자가 담긴 완성 그릇에 **5**의 뜨거운 국물을 담는다.

POINT

❖ 새우 살에 녹말가루가 많이 들어갈 경우 완자가 뭉쳐지지 않고 풀어지므로 주의한다.

❖ 반죽을 공기가 들어가도록 젓가락으로 충분히 저어주어야 끓였을 때, 완자가 동동 떠오른다.

❖ 새우 살을 다질 때 칼등으로 다져야 끈기가 생겨 잘 풀어지지 않는다.

 시험시간 **30분**

탕수생선살

糖醋魚塊

엿 당 식초 초 고기 어 덩어리 괴

재 료

흰 살생선살(껍질 벗긴 것, 동태 또는 대구) 150g
오이(가늘고 곧은 것, 20cm 정도) 1/6개

당근 30g	달걀 1개
파인애플(통조림) 1쪽	건 목이버섯 2개
완두콩 20g	식초 60ml
녹말가루(감자전분) 100g	진간장 30ml
설탕 100g	식용유 600ml
육수 300ml	

★ **탕수소스** : 간장 1T, 설탕 3T, 식초 3T, 물 1C

요구사항

※ 주어진 재료를 사용하여 다음과 같이 탕수생선살을 만드시오.
1. 생선살은 1cm×4cm 크기로 썰어 사용하시오.
2. 채소는 편으로 썰어 사용하시오.

수험자 유의사항

1) 만드는 순서에 유의하며, 위생과 숙련된 기능평가를 위하여 조리작업 시 맛을 보지 않습니다.
2) 지정된 수험자지참준비물 이외의 조리기구나 재료를 시험장내에 지참할 수 없습니다.
3) 지급재료는 시험 전 확인하여 이상이 있을 경우 시험위원으로부터 조치를 받고 시험 중에는 재료의 교환 및 추가지급은 하지 않습니다.
4) 요구사항의 규격은 "정도"의 의미를 포함하며, 지급된 재료의 크기에 따라 가감하여 채점합니다.
5) 위생상태 및 안전관리 사항을 준수합니다.
6) 다음 사항에 대해서는 채점대상에서 제외하니 특히 유의하시기 바랍니다.
  가) 기권-수험자 본인이 시험 도중 시험에 대한 포기 의사를 표현하는 경우
  나) 실격-(1) 가스레인지 화구 2개 이상(2개 포함) 사용한 경우
      (2) 불을 사용하여 만든 조리작품이 작품특성에 벗어나는 정도로 타거나 익지 않은 경우
      (3) 시험 중 시설·장비(칼, 가스레인지 등) 사용 시 감독위원 및 타수험자의 시험 진행에 위협이 될 것으로 감독위원 전원이 합의하여 판단한 경우
  다) 미완성-(1) 시험시간 내에 과제 두 가지를 제출하지 못한 경우
       (2) 문제의 요구사항대로 과제의 수량이 만들어지지 않은 경우
  라) 오작-(1) 구이를 찜으로 조리하는 등과 같이 조리방법을 다르게 한 경우
       (2) 해당과제의 지급재료 이외의 재료를 사용하거나 석쇠 등 요구사항의 조리도구를 사용하지 않은 경우
  마) 요구사항에 표시된 실격, 미완성, 오작에 해당하는 경우
7) 항목별 배점은 위생상태 및 안전관리 5점, 조리기술 30점, 작품의 평가 15점입니다.

① 흰자, 물, 녹말을 섞어 튀김옷 만들기

② 불린 목이 한입 크기로 찢기

③ 당근 썰기

④ 오이 썰기

⑤ 파인애플 썰기

⑥ 생선살 1cm, 두께 4cm 길이로 썰기

⑦ 생선살 물기 제거하기

⑧ 튀김옷 입혀 튀기기

⑨ 두번 바싹 튀겨내기

⑩ 탕수 소스 만들기

⑪ 물녹말 만들기

⑫ 달군 기름에 부재료 넣기

⑬ 물녹말로 농도 조절하기

⑭ 튀긴 생선살 위에 소스 끼얹기

 ## 만드는 법

1 흰자 2T에 동량의 물 2T를 섞은 후 녹말가루를 넣어 걸쭉하게 튀김옷을 만들어 놓는다.

2 건 목이버섯은 따뜻한 물에 불린 후 먹기 좋은 크기로 찢는다.
  - 오이, 당근은 4cm 길이로 어슷하게 편 썰기 한다.
  - 캔 파인애플은 8등분하고 캔 완두콩은 물에 씻어 준비한다.

3 생선살은 길이를 4cm, 두께는 1cm 정도의 긴 사각형으로 썰어 물기를 제거한다.

4 **1**의 튀김옷을 생선살에 입혀 170℃ 기름에 2번 정도 바삭하게 튀긴다.

5 물 녹말을 만든다(녹말 1T, 물 2T).

6 탕수소스 만든다. − 간장 1T, 설탕 3T, 식초 3T, 물 1컵

7 뜨거워진 팬에 기름 두르고 당근, 목이버섯, 파인애플, 완두콩 순서대로 넣어 볶은 다음 준비한 탕수소스를 넣는다.

8 **7**에 물 녹말 넣어 농도 맞춘 다음 오이를 넣는다.

9 튀긴 생선살을 접시에 담고 탕수소스 얹어 완성한다.

✎ POINT

- ❖ 생선살은 한 번 튀겨 한 김 식힌 후 다시 튀기면 바삭하다.
- ❖ 먼저 튀김옷을 만들어 놓는다.
- ❖ 튀김옷을 묻힐 때 생선살이 부스러지지 않도록 주의한다.

 시험시간 **25분**

· 중식 실기 ·

새우케첩볶음

蕃茄蝦仁

우거질 번 가지 가 새우 하 어질 인

재 료

새우살(내장이 있는 것) 200g
양파(중, 150g 정도) $\frac{1}{4}$개
대파(흰부분 6cm 정도) 1토막
생강 5g
녹말가루(감자전분) 100g
진간장(중) 15ml
백설탕 10g
육수(또는 물) 100ml

당근(길이로 썰어서) 30g
달걀 1개
토마토케첩 50g
완두콩 10g
청주 30ml
소금(정제염) 2g
식용유 800ml
이쑤시개 1개

요구사항

※ 주어진 재료를 사용하여 다음과 같이 새우케첩볶음을 만드시오.
1. 새우 내장을 제거 하시오.
2. 당근과 양파는 1cm 정도 크기의 사각으로 써시오.

수험자 유의사항

1) 만드는 순서에 유의하며, 위생과 숙련된 기능평가를 위하여 조리작업 시 맛을 보지 않습니다.
2) 지정된 수험자지참준비물 이외의 조리기구나 재료를 시험장내에 지참할 수 없습니다.
3) 지급재료는 시험 전 확인하여 이상이 있을 경우 시험위원으로부터 조치를 받고 시험 중에는 재료의 교환 및 추가지급은 하지 않습니다.
4) 요구사항의 규격은 "정도"의 의미를 포함하며, 지급된 재료의 크기에 따라 가감하여 채점합니다.
5) 위생상태 및 안전관리 사항을 준수합니다.
6) 다음 사항에 대해서는 채점대상에서 제외하니 특히 유의하시기 바랍니다.
   가) 기권-수험자 본인이 시험 도중 시험에 대한 포기 의사를 표현하는 경우
   나) 실격-(1) 가스레인지 화구 2개 이상(2개 포함) 사용한 경우
           (2) 불을 사용하여 만든 조리작품이 작품특성에 벗어나는 정도로 타거나 익지 않은 경우
           (3) 시험 중 시설·장비(칼, 가스레인지 등) 사용 시 감독위원 및 타수험자의 시험 진행에 위협이 될 것으로 감독위원 전원이 합의하여 판단한 경우
   다) 미완성-(1) 시험시간 내에 과제 두 가지를 제출하지 못한 경우
            (2) 문제의 요구사항대로 과제의 수량이 만들어지지 않은 경우
   라) 오작-(1) 구이를 찜으로 조리하는 등과 같이 조리방법을 다르게 한 경우
          (2) 해당과제의 지급재료 이외의 재료를 사용하거나 석쇠 등 요구사항의 조리도구를 사용하지 않은 경우
   마) 요구사항에 표시된 실격, 미완성, 오작에 해당하는 경우
7) 항목별 배점은 위생상태 및 안전관리 5점, 조리기술 30점, 작품의 평가 15점입니다.

① 흰자, 녹말, 물을 섞어서 튀김옷 만들기

② 새우 내장 제거하기

③ 물기 제거 후 밑간하기

④ 야채 사방 1cm, 두께 0.3cm로 썰기

⑤ 물녹말 만들기

⑥ 튀김옷 입혀 튀기기

⑦ 두번 노릇하게 튀기기

⑧ 달군 기름에 향신채 넣기

⑨ 간장, 청주 넣기

⑩ 부재료 넣기

⑪ 케첩 넣어 볶기

⑫ 육수 넣기

⑬ 설탕 넣기

⑭ 물녹말로 농도 조절하기

⑮ 튀긴새우 버무리기

 **만드는 법**

1 흰자 2T에 동량의 물 2T를 섞은 후 녹말가루를 넣어 걸쭉하게 튀김옷을 만들어 놓는다.

2 새우살은 이쑤시개로 내장을 빼고 소금물에 씻어 물기를 제거한 후 청주 1t를 넣어 밑간 한다.

3 채소 손질
  - 생강은 모양대로 편으로 썬다.
  - 대파, 양파는 1×1cm로 편썰기 한다.
  - 당근은 1×1×0.2cm로 편썰기 한다.
  - 완두콩은 생것은 소금물에 파랗게 데쳐 헹구어 사용하고 통조림일 경우는 데치지 않고 물기만 제거하여 준비한다.

4 녹말 1T, 물 2T을 섞어 물 녹말을 만든다.

5 새우에 **1**의 튀김옷을 입혀 160~170℃의 튀김 기름에 2번 바삭하게 튀겨 체에 밭쳐 놓는다.

6 달군 팬에 기름을 두르고 대파, 생강을 넣어 향을 내고 청주 1T, 간장 ½t을 넣는다.
  - 양파, 당근 , 완두콩을 넣어 볶다가 케첩 3T을 넣어 신맛이 제거되게 볶은 다음
  - 물 1/3C, 설탕 1T을 넣어 끓어오르면 물 녹말로 농도를 맞춘 후 튀긴 새우를 넣고 고루 버무려 접시에 담아낸다.

✐ POINT

❖ 농도와 색깔에 주의한다.

❖ 앙금 녹말을 만들 때 마른 녹말을 일부 남겨서 튀김옷이 질 경우 사용한다.

❖ 바삭하게 튀겨내도록 한다.

 시험시간 **30분**

깐풍기

乾烹鷄

마른 건 삶을 팽 닭 계

재 료

닭다리(중닭1200g, 허벅지살포함) 1개
마늘(중, 깐 것) 3쪽
청피망(중, 75g정도) 1/2개
생강 5g
진간장 15ml
육수(또는 물) 45ml
백설탕 15g
참기름 5ml
식용유 800ml

달걀(중) 1개
대파(흰부분, 6cm) 2토막
홍고추(생) 1개
녹말가루(감자전분) 100g
검은후춧가루 1g
식초 15ml
청주 15ml
소금(정제염) 10g

★ **깐풍소스** : 간장 2t, 설탕 2t, 식초 2t, 물 2T

요구사항

※ 주어진 재료를 사용하여 다음과 같이 깐풍기를 만드시오.
1. 닭은 뼈를 발라낸 후 사방 3cm 정도 사각형으로 써시오.
2. 닭을 튀기기 전에 튀김옷을 입히시오.
3. 채소는 0.5cm×0.5cm로 써시오.

수험자 유의사항

1) 만드는 순서에 유의하며, 위생과 숙련된 기능평가를 위하여 조리작업 시 맛을 보지 않습니다.
2) 지정된 수험자지참준비물 이외의 조리기구나 재료를 시험장내에 지참할 수 없습니다.
3) 지급재료는 시험 전 확인하여 이상이 있을 경우 시험위원으로부터 조치를 받고 시험 중에는 재료의 교환 및 추가지급은 하지 않습니다.
4) 요구사항의 규격은 "정도"의 의미를 포함하며, 지급된 재료의 크기에 따라 가감하여 채점합니다.
5) 위생상태 및 안전관리 사항을 준수합니다.
6) 다음 사항에 대해서는 채점대상에서 제외하니 특히 유의하시기 바랍니다.
　　가) 기권-수험자 본인이 시험 도중 시험에 대한 포기 의사를 표현하는 경우
　　나) 실격-(1) 가스레인지 화구 2개 이상(2개 포함) 사용한 경우
　　　　　　(2) 불을 사용하여 만든 조리작품이 작품특성에 벗어나는 정도로 타거나 익지 않은 경우
　　　　　　(3) 시험 중 시설·장비(칼, 가스레인지 등) 사용 시 감독위원 및 타수험자의 시험 진행에 위협이 될 것으로 감독위원 전원이 합의하여 판단한 경우
　　다) 미완성-(1) 시험시간 내에 과제 두 가지를 제출하지 못한 경우
　　　　　　(2) 문제의 요구사항대로 과제의 수량이 만들어지지 않은 경우
　　라) 오작-(1) 구이를 찜으로 조리하는 등과 같이 조리방법을 다르게 한 경우
　　　　　　(2) 해당과제의 지급재료 이외의 재료를 사용하거나 석쇠 등 요구사항의 조리도구를 사용하지 않은 경우
　　마) 요구사항에 표시된 실격, 미완성, 오작에 해당하는 경우
7) 항목별 배점은 위생상태 및 안전관리 5점, 조리기술 30점, 작품의 평가 15점입니다.

① 불린 앙금 만들기

② 대파, 마늘, 생강 다지기

③ 피망 썰기

④ 홍고추 썰기

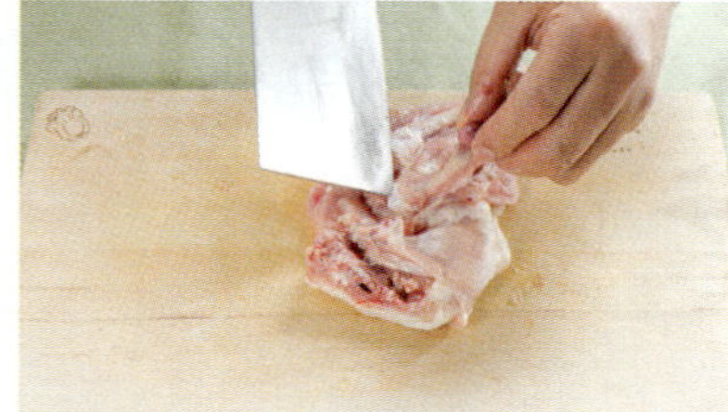

⑤ 닭 손질하기

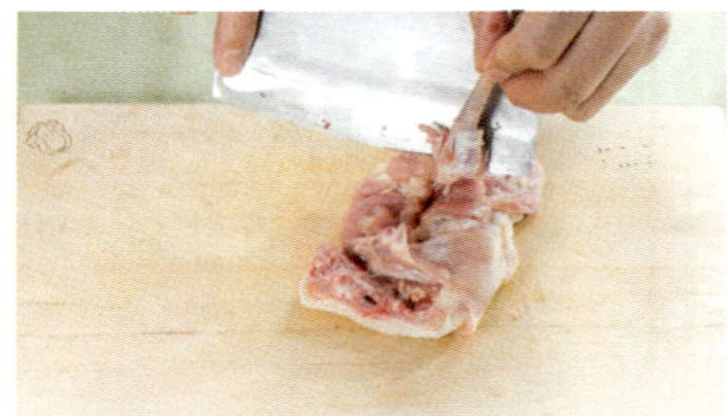

⑥ 닭 손질하기

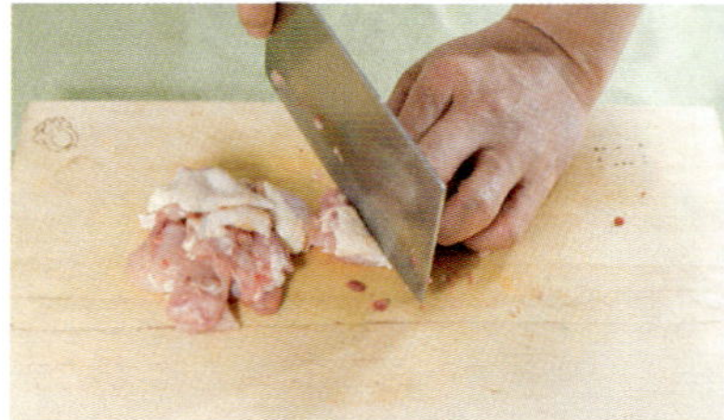

⑦ 닭 사방 3cm로 썰기

⑧ 닭 밑간하기

⑨ 밑간한 닭고기에 흰자, 앙금녹말 넣어 섞기

⑩ 깐풍소스 만들기

⑪ 닭 튀기기

⑫ 닭 두번 튀기기

⑬ 향신채 볶기

⑭ 깐풍소스 넣기

⑮ 튀긴 닭 버무린 후 참기름 넣어 완성하기

 ## 만드는 법

1 녹말은 동량의 물을 넣어 가라앉으면 윗물을 따라내어 앙금 녹말을 만든다.

2 대파, 청피망, 홍고추는 사방 0.5cm 크기로 썰고, 마늘, 생강은 다진다.

3 닭은 뼈를 발라낸 후 껍질째 사방 3cm 크기로 썰어 소금, 청주, 후추, 생강즙에 밑간한다.

4 **3**의 밑간한 닭에 흰자와 앙금녹말을 넣고 버무려 튀김옷을 입힌다.

5 **4**의 닭을 160~170℃ 기름에 2번 튀겨낸다.

6 깐풍 소스를 만들어 놓는다.
  • 간장 2t, 설탕 2t, 식초 2t, 물 2T

7 달군 팬에 기름 1T을 넣고 대파, 마늘, 생강, 홍고추, 청주를 넣어 향을 낸다.

8 **7**에 깐풍 소스를 넣어 끓이다가 졸여지면 튀긴 닭과 청피망을 넣어 고루 버무리 다음 마지막에 참기름을 넣고 완성하여 접시에 담는다.

 **POINT**

❖ 앙금 녹말을 만들 때 마른 녹말을 일부 남겨서 튀김옷이 질 경우 사용한다.

❖ 바삭하게 튀겨내도록 한다.

 시험시간 **30분**

라조기

辣椒鷄

매울 랄 후추 초 닭 계

재 료

닭다리(중닭(1200g짜리) 허벅지살 포함) 1개
홍고추(건) 1개
양송이(통조림) 1개
건표고버섯(지름 5cm정도, 물에 불린 것) 1개
청피망(중 75g) 1/3개
청경채 1포기
죽순(통조림(whole), 고형분) 50g
마늘(중(깐 것)) 1쪽
생강 5g
달걀(중) 1개
대파(흰부분 6cm 정도) 2토막
녹말가루(감자전분) 100g
고추기름 10ml
진간장 30ml
소금 5g
청주 15ml
식용유 900ml
육수(또는 물) 200ml
검은후춧가루 1g

요구사항

※ 주어진 재료를 사용하여 다음과 같이 라조기를 만드시오.
1. 닭은 뼈를 날라낸 후 5cm×1cm 정도의 길이로 써시오.
2. 채소는 5cm×2cm 정도의 길이로 써시오.

수험자 유의사항

1) 만드는 순서에 유의하며, 위생과 숙련된 기능평가를 위하여 조리작업 시 맛을 보지 않습니다.
2) 지정된 수험자지참준비물 이외의 조리기구나 재료를 시험장내에 지참할 수 없습니다.
3) 지급재료는 시험 전 확인하여 이상이 있을 경우 시험위원으로부터 조치를 받고 시험 중에는 재료의 교환 및 추가지급은 하지 않습니다.
4) 요구사항의 규격은 "정도"의 의미를 포함하며, 지급된 재료의 크기에 따라 가감하여 채점합니다.
5) 위생상태 및 안전관리 사항을 준수합니다.
6) 다음 사항에 대해서는 채점대상에서 제외하니 특히 유의하시기 바랍니다.
　가) 기권－수험자 본인이 시험 도중 시험에 대한 포기 의사를 표현하는 경우
　나) 실격－(1) 가스레인지 화구 2개 이상(2개 포함) 사용한 경우
　　　　　 (2) 불을 사용하여 만든 조리작품이 작품특성에 벗어나는 정도로 타거나 익지 않은 경우
　　　　　 (3) 시험 중 시설·장비(칼, 가스레인지 등) 사용 시 감독위원 및 타수험자의 시험 진행에 위협이 될 것으로 감독위원 전원이 합의하여 판단한 경우
　다) 미완성－(1) 시험시간 내에 과제 두 가지를 제출하지 못한 경우
　　　　　　 (2) 문제의 요구사항대로 과제의 수량이 만들어지지 않은 경우
　라) 오작－(1) 구이를 찜으로 조리하는 등과 같이 조리방법을 다르게 한 경우
　　　　　 (2) 해당과제의 지급재료 이외의 재료를 사용하거나 석쇠 등 요구사항의 조리도구를 사용하지 않은 경우
　마) 요구사항에 표시된 실격, 미완성, 오작에 해당하는 경우
7) 항목별 배점은 위생상태 및 안전관리 5점, 조리기술 30점, 작품의 평가 15점입니다.

① 불린 앙금 만들기

② 마른 고추, 마늘, 생강, 표고 편 썰기

③ 청경채, 피망, 죽순, 양송이 편썰기

④ 채소 데치기

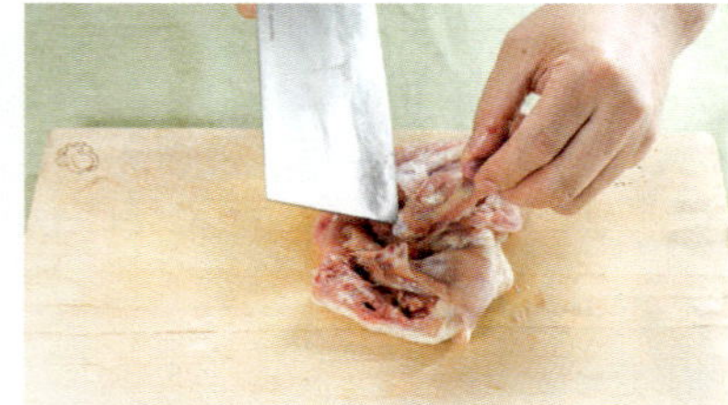

⑤ 닭 손질하기

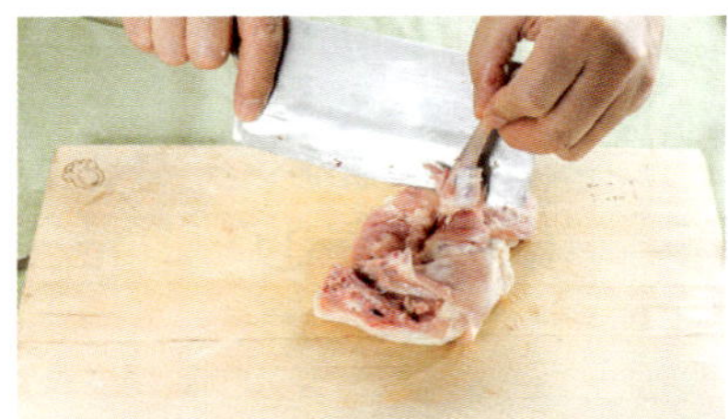

⑥ 닭 손질하기

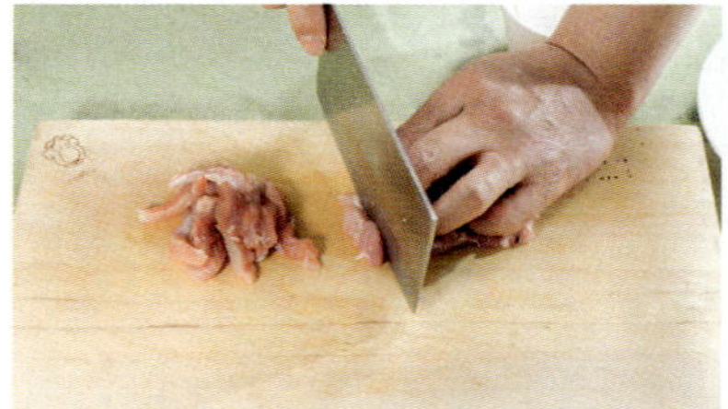

⑦ 닭고기 썰기

⑧ 밑간한 닭고기에 흰자, 앙금 녹말 넣어 섞기

⑨ 물녹말 만들기

⑩ 닭 두번 튀기기

⑪ 고추기름에 향신채 넣어 볶기

⑫ 부재료 넣어 볶기

⑬ 육수넣기

⑭ 물녹말로 농도 조절하기

⑮ 튀긴닭 넣어 버무리기

 ## 만드는 법

1 녹말가루에 동량의 물을 넣어 가라앉으면 윗물만 따라 내어 앙금녹말을 만든다.

2 대파, 표고, 건 고추는 5×2cm 편으로 썬다.
청피망 씨를 제거하고 5×2cm로 썰어 끓는 소금물에 데쳐 준비한다.
 • 죽순은 편으로 썰고, 청경채는 5cm 길이로 썰어 끓는 물에 데쳐 준비한다.
 • 양송이와 마늘, 생강은 모양대로 편으로 썬다.
 • 일부 생강은 강판에 갈거나 다져 물을 넣어 면포로 꼭 짜 생강즙으로 준비한다.

3 닭고기는 뼈에서 살을 발라 껍질을 제거한 후 5×1cm 크기로 썰어 소금, 청주 1t, 후추, 생강즙
으로 밑간한 후 흰자 1T, 앙금녹말을 넣어 튀김옷을 입힌다.

4 녹말 1T, 물 2T을 섞어 물 녹말을 만든다.

5 팬에 튀김 기름을 올려 160~170℃의 온도가 되면 **3**의 닭을 넣어 바삭하게 2번 튀겨낸다.

6 달군 팬에 고추기름을 넣고 건 고추와 대파, 마늘, 생강을 넣어 매운맛과 향을 내고 간장 1T,
청주를 넣고 표고, 죽순, 양송이, 청피망, 청경채 순으로 넣어 볶다가 육수 1C을 넣는다.

7 **6**의 육수가 끓어오르면 물 녹말로 농도를 맞춘 후 튀긴 닭을 넣고 고루 버무려 접시에 담아낸다.

POINT

❖ 녹말을 남겨 튀김옷의 농도를 맞추고 바삭하게 튀겨내도록 한다.

❖ 소스의 농도, 양, 색에 주의한다.

❖ 닭고기의 껍질을 제거하고 크기대로 일정하게 썬다.

 시험시간 **25분**

중식 실기

난자완스

南煎丸子

남녘 남   달인 전   알 환   아들 자

재 료

돼지등심(다진 살코기) 200g
대파(흰부분, 6cm 정도) 1토막
죽순(통조림(whole), 고형분) 50g
건표고버섯(지름 5cm정도, 물에 불린 것) 2개
생강 5g
진간장 15ml
참기름 5ml
검은 후춧가루 1g
육수(또는 물) 200ml

마늘(중(깐 것)) 2쪽
청경채 1포기
달걀(중) 1개
녹말가루(감자전분) 100g
청주 20ml
소금 3g
식용유 800ml

요구사항

※ 주어진 재료를 사용하여 다음과 같이 난자완스를 만드시오.
1. 완자는 직경 4cm 정도로 둥글고 납작하게 만드시오.
2. 완자는 손이나 수저로 하나씩 떼어 팬에서 모양을 만드시오.
3. 채소 크기는 4cm 정도 크기의 편으로 써시오. (단, 대파는 3cm 정도)
4. 완자는 갈색이 나도록 하시오.

수험자 유의사항

1) 만드는 순서에 유의하며, 위생과 숙련된 기능평가를 위하여 조리작업 시 맛을 보지 않습니다.
2) 지정된 수험자지참준비물 이외의 조리기구나 재료를 시험장내에 지참할 수 없습니다.
3) 지급재료는 시험 전 확인하여 이상이 있을 경우 시험위원으로부터 조치를 받고 시험 중에는 재료의 교환 및 추가지급은 하지 않습니다.
4) 요구사항의 규격은 "정도"의 의미를 포함하며, 지급된 재료의 크기에 따라 가감하여 채점합니다.
5) 위생상태 및 안전관리 사항을 준수합니다.
6) 다음 사항에 대해서는 채점대상에서 제외하니 특히 유의하시기 바랍니다.
   가) 기권 – 수험자 본인이 시험 도중 시험에 대한 포기 의사를 표현하는 경우
   나) 실격 – (1) 가스레인지 화구 2개 이상(2개 포함) 사용한 경우
             (2) 불을 사용하여 만든 조리작품이 작품특성에 벗어나는 정도로 타거나 익지 않은 경우
             (3) 시험 중 시설·장비(칼, 가스레인지 등) 사용 시 감독위원 및 타수험자의 시험 진행에 위협이 될 것으로 감독위원 전원이 합의하여 판단한 경우
   다) 미완성 – (1) 시험시간 내에 과제 두 가지를 제출하지 못한 경우
             (2) 문제의 요구사항대로 과제의 수량이 만들어지지 않은 경우
   라) 오작 – (1) 구이를 찜으로 조리하는 등과 같이 조리방법을 다르게 한 경우
             (2) 해당과제의 지급재료 이외의 재료를 사용하거나 석쇠 등 요구사항의 조리도구를 사용하지 않은 경우
   마) 요구사항에 표시된 실격, 미완성, 오작에 해당하는 경우
7) 항목별 배점은 위생상태 및 안전관리 5점, 조리기술 30점, 작품의 평가 15점입니다.

① 파, 마늘, 생강 썰기

② 표고 편썰기

③ 죽순 데치기

④ 돼지고기 양념하기

⑤ 젓가락으로 버무리기

⑥ 물녹말 만들기

⑦ 동그랗게 완자 만들어 튀김기름에 넣기

⑧ 완자를 직경 4cm 크기가 되게 납작하게 눌러주기

⑨ 완자 노릇하게 튀기기

⑩ 향신채 볶기

⑪ 간장, 청주 넣기

⑫ 야채 넣어 볶기

⑬ 육수 넣기

⑭ 튀긴완자 넣고 물녹말로 농도 조절하기

⑮ 참기름 넣어 완성하기

 **만드는 법**

1 채소손질

- 표고는 4cm로 편 썰기 한다.
- 죽순, 청경채는 4×2cm 크기로 편으로 썰어 끓는 물에 데친다.
- 대파는 반 갈라 3×1cm 편으로 썰고 마늘, 생강도 편으로 썬다.
- 생강의 일부는 다져서 돼지고기 양념하는데 사용한다.

2 다진 돼지고기는 핏물을 제거하고 간장 1t, 소금, 청주 1t, 생강즙, 후추, 참기름으로 밑간한 다음 달걀물 3T, 녹말가루 1T를 넣은 후 젓가락을 한 방향으로 저어 끈기가 나도록 섞어준다.

3 팬에 기름을 두르고 왼손에 반죽을 잡고 위로 올려 짜며 숟가락으로 동그랗게 모양을 만들어 약한 불의 팬에 지름 4cm가 되도록 수저로 납작하게 눌러 모양을 만들어 익힌다.

4 **3**의 익힌 완자를 기름을 넉넉하게 두르고 170℃에서 노릇노릇하게 튀겨낸다.

5 녹말 1T, 물 2T을 섞어 물 녹말을 만든다.

6 달군 팬에 기름 1T을 두르고 대파, 마늘, 생강을 볶아 향을 낸 후 청주 1T, 간장 1T을 넣고 표고 −죽순, 청경채 순으로 재료를 넣어가며 볶는다.

7 **6**에 육수 1C를 넣고 완자, 후추 약간 넣고 끓으면 물 녹말로 농도를 맞춘 후 참기름을 넣어 버무려 그릇에 담아낸다.

✐ POINT

- ❖ 완자는 반죽을 약간 질게 한 후 젓가락으로 잘 저어 끈기 있게 해야 지질 때 갈라지지 않는다.
- ❖ 완자는 노릇노릇하게 튀겨낸다.
- ❖ 소스 농도, 양, 색에 유의한다.
- ❖ 청경채의 색을 살릴 경우 물 녹말로 농도를 맞추기 전에 넣어준다.

시험시간 **30분**

• 중식 실기 •

경장육사

京醬肉絲

서울 경 된장 장 고기 육 실 사

재 료

돼지등심(살코기) 150g
대파(흰부분 6cm정도) 3토막
마늘(중(깐 것)) 1쪽
춘장 50g
굴소스 30ml
백설탕 30g
참기름 5ml
식용유 300ml

죽순(통조림) 100g
달걀(중) 1개
생강 5g
녹말가루(감자전분) 50g
진간장 30ml
청주 30ml
육수(또는 물) 30ml

요구사항

※ 주어진 재료를 사용하여 다음과 같이 경장육사를 만드시오.
1. 돼지고기는 길이 5cm 정도의 얇은 채로 썰고, 간을 하여 초벌 하시오.
2. 춘장은 기름에 볶아서 사용하시오.
3. 대파 채는 길이 5cm 정도로 어슷하게 채 썰어 매운맛을 빼고 접시위에 담으시오.

수험자 유의사항

1) 만드는 순서에 유의하며, 위생과 숙련된 기능평가를 위하여 조리작업 시 맛을 보지 않습니다.
2) 지정된 수험자지참준비물 이외의 조리기구나 재료를 시험장내에 지참할 수 없습니다.
3) 지급재료는 시험 전 확인하여 이상이 있을 경우 시험위원으로부터 조치를 받고 시험 중에는 재료의 교환 및 추가지급은 하지 않습니다.
4) 요구사항의 규격은 "정도"의 의미를 포함하며, 지급된 재료의 크기에 따라 가감하여 채점합니다.
5) 위생상태 및 안전관리 사항을 준수합니다.
6) 다음 사항에 대해서는 채점대상에서 제외하니 특히 유의하시기 바랍니다.
　가) 기권－수험자 본인이 시험 도중 시험에 대한 포기 의사를 표현하는 경우
　나) 실격－(1) 가스레인지 화구 2개 이상(2개 포함) 사용한 경우
　　　　　　(2) 불을 사용하여 만든 조리작품이 작품특성에 벗어나는 정도로 타거나 익지 않은 경우
　　　　　　(3) 시험 중 시설·장비(칼, 가스레인지 등) 사용 시 감독위원 및 타수험자의 시험 진행에 위협이 될 것으로 감독위원 전원이 합의하여 판단한 경우
　다) 미완성－(1) 시험시간 내에 과제 두 가지를 제출하지 못한 경우
　　　　　　　(2) 문제의 요구사항대로 과제의 수량이 만들어지지 않은 경우
　라) 오작－(1) 구이를 찜으로 조리하는 등과 같이 조리방법을 다르게 한 경우
　　　　　　(2) 해당과제의 지급재료 이외의 재료를 사용하거나 석쇠 등 요구사항의 조리도구를 사용하지 않은 경우
　마) 요구사항에 표시된 실격, 미완성, 오작에 해당하는 경우
7) 항목별 배점은 위생상태 및 안전관리 5점, 조리기술 30점, 작품의 평가 15점입니다.

① 대파 5cm로 어슷 채썰기

② 대파 찬물침지

③ 죽순 5cm 채썰기

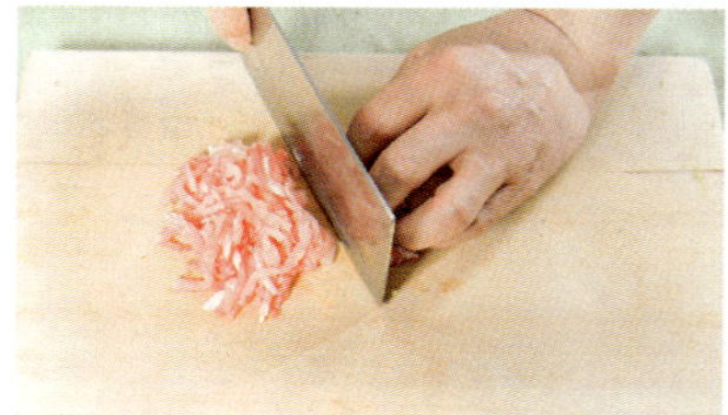

④ 돼지고기 결대로 5cm 채썰기

⑤ 밑간한 돼지고기에 녹말, 흰자 넣어 섞어주기

⑥ 춘장 볶기

⑦ 돼지고기 기름에 데치기

⑧ 향신채 볶은 후 간장, 청주 넣기

⑨ 죽순 볶기

⑩ 볶은 춘장 넣기

⑪ 데친 돼지고기 넣기

⑫ 육수와 굴소스 넣기

⑬ 물녹말로 농도 조절하기

⑭ 파채 접시에 담기

⑮ 파채 위에 경장육사 담기

 ## 만드는 법

1 대파는 칼집을 넣어 속심을 빼고 5cm 정도로 어슷하게 곱게 채 썰어 찬물에 담가 매운맛을 뺀 후 체에 건져 물기를 제거한다.

2 죽순은 빗살부분을 제거한 후 0.2cm×5cm 길이로 채 썰어 끓는 물에 데쳐 찬물에 헹군다.

3 돼지 등심은 핏물제거 후 0.2cm×5cm 길이로 채 썬 후 청주 1T, 간장 1t로 밑간 한 후 달걀흰 자와 녹말가루를 약간 넣어 버무려 놓는다.

4 달군 팬에 기름을 넉넉히 두르고 춘장 2T을 넣고 서서히 볶은 후 그릇에 담아 놓는다.

5 달군 팬에 기름을 넉넉히 넣고 120℃에서 양념한 돼지고기를 넣어 서로 달라붙지 않도록 잘 저어가며 부드럽게 익혀 체에 밭쳐 준비한다.

6 물 녹말(녹말 1t, 물 2t)을 만들어 놓는다.

7 달군 팬에 기름을 두르고 마늘채, 생강채, 대파 채를 넣어 볶다가 간장 약간, 청주 1T, 볶은 춘장 1T, 죽순채를 넣어 충분히 볶아준다.

8 7에 육수 2T, 설탕 1t, 굴소스 1t, 익힌 돼지고기를 넣어 끓으면 물 녹말로 농도를 낸 후 마지막 에 참기름을 약간 넣어 완성한다.

9 접시에 대파 채를 깔고 그 위에 볶은 짜장 고기를 얹어낸다.

POINT

❖ 춘장은 색을 보며 넣는 양을 조절한다.

❖ 춘장은 중불에서 전체 표면에 기포가 생길 때까지 볶아준다.

❖ 돼지고기 양념 시 달걀과 녹말은 약간만 사용하여 저온(120℃)의 기름에 잘 저어가며 붙지 않고 부드럽게 익히도록 한다.

❖ 대파 속심은 채썰어 소스 만들 때 사용한다.

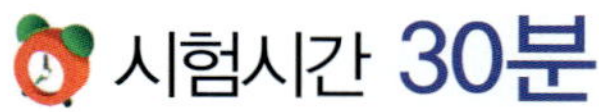 시험시간 **30분**

탕수육

糖醋肉

엿 당 식초 초 고기 육

재 료

돼지등심(살코기) 200g
대파(흰부분 30cm 정도) 1/3토막
당근(중, 길이로 썰어서) 30g
오이(가늘고 곧은 것, 20cm) 1/10개
녹말가루(감자전분) 100g
식초 50ml
청주 15ml
식용유 800ml

달걀(중) 1개
완두(통조림) 15g
양파(중, 150g정도) 1/4개
건목이버섯 2개
진간장 15ml
백설탕 30g
육수(또는 물) 200ml

★ **탕수소스** : 물 1c, 간장 1T, 설탕 3T, 식초 3T

요구사항

※ 주어진 재료를 사용하여 다음과 같이 탕수육을 만드시오.
1. 돼지고기는 길이를 4㎝ 정도로 하고 두께는 1㎝정도의 긴 사각형 크기로 써시오.
2. 채소는 편으로 써시오.
3. 튀김은 앙금 녹말을 만들어 사용하시오.
4. 소스는 달콤하고 새콤한 맛이 나도록 만드시오.

수험자 유의사항

1) 만드는 순서에 유의하며, 위생과 숙련된 기능평가를 위하여 조리작업 시 맛을 보지 않습니다.
2) 지정된 수험자지참준비물 이외의 조리기구나 재료를 시험장내에 지참할 수 없습니다.
3) 지급재료는 시험 전 확인하여 이상이 있을 경우 시험위원으로부터 조치를 받고 시험 중에는 재료의 교환 및 추가지급은 하지 않습니다.
4) 요구사항의 규격은 "정도"의 의미를 포함하며, 지급된 재료의 크기에 따라 가감하여 채점합니다.
5) 위생상태 및 안전관리 사항을 준수합니다.
6) 다음 사항에 대해서는 채점대상에서 제외하니 특히 유의하시기 바랍니다.
    가) 기권−수험자 본인이 시험 도중 시험에 대한 포기 의사를 표현하는 경우
    나) 실격−(1) 가스레인지 화구 2개 이상(2개 포함) 사용한 경우
           (2) 불을 사용하여 만든 조리작품이 작품특성에 벗어나는 정도로 타거나 익지 않은 경우
           (3) 시험 중 시설·장비(칼, 가스레인지 등) 사용 시 감독위원 및 타수험자의 시험 진행에 위협이 될 것으로 감독위원 전원이 합의하여 판단한 경우
    다) 미완성−(1) 시험시간 내에 과제 두 가지를 제출하지 못한 경우
            (2) 문제의 요구사항대로 과제의 수량이 만들어지지 않은 경우
    라) 오작−(1) 구이를 찜으로 조리하는 등과 같이 조리방법을 다르게 한 경우
           (2) 해당과제의 지급재료 이외의 재료를 사용하거나 석쇠 등 요구사항의 조리도구를 사용하지 않은 경우
    마) 요구사항에 표시된 실격, 미완성, 오작에 해당하는 경우
7) 항목별 배점은 위생상태 및 안전관리 5점, 조리기술 30점, 작품의 평가 15점입니다.

❶ 불린 앙금 만들기

❷ 당근 썰기

❸ 대파, 오이 썰기

❹ 양파 썰기

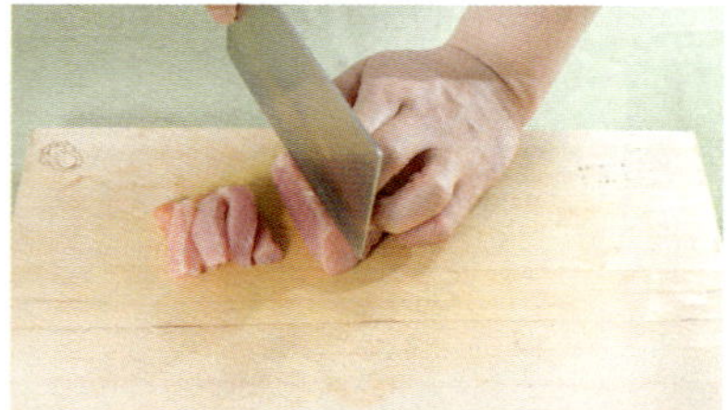

❺ 돼지고기 1cm 굵기, 4cm 길이로 썰기

❻ 돼지고기 밑간하기

❼ 밑간한 돼지고기에 불린 앙금, 흰자 넣어 버무리기

❽ 탕수소스 만들기

❾ 물녹말 만들기

❿ 튀기기

⓫ 두번 튀기기

⓬ 달군 기름에 향신채 넣어 볶기

⓭ 부재료 넣어 볶기

⓮ 탕수소스 넣어 끓이기

⓯ 물녹말로 농도 조절한 후 오이 넣어 소스 완성하기

만드는 법

1 녹말은 동량의 물을 넣어 가라앉으면 윗물을 따라내어 앙금 녹말을 만든다.

2 야채손질
- 대파는 반으로 갈라 4×1cm로 편 썰기 한다.
- 양파, 오이, 당근은 4×1.5cm 크기로 썬다.
- 목이는 따뜻한 물에 불린 후 손으로 적당한 크기로 뜯어 놓는다.
- 완두콩은 씻어 놓는다.

3 돼지고기는 4×1×1cm의 긴 사각형으로 썰어 간장 1t, 청주를 넣고 밑간한다.

4 3의 돼지고기에 흰자, 앙금녹말을 넣어 튀김옷을 입힌 후 160℃의 기름에 바삭하게 2번 튀겨 체에 밭쳐 기름을 제거한다.

5 녹말 1T, 물 2T을 섞어 물 녹말을 만든다.

6 탕수소스를 만들어 놓는다.
- 물 1C, 설탕 3T, 식초 3T, 간장 1T

7 달군 팬에 기름을 두르고 대파를 넣어 향을 낸 후 청주를 넣고 양파-당근-목이-완두콩 순으로 재료를 넣어 볶는다.

8 6의 탕수소스를 넣어 끓어오르면 물 녹말로 걸쭉하게 농도를 내고 마지막에 오이를 넣어 소스를 완성한다.

9 돼지고기 튀긴 것을 접시에 담고 소스를 위에 끼얹어 낸다.

POINT

❖ 오이는 색이 변하지 않도록 마지막에 넣어준다.

❖ 소스의 농도, 양, 색에 주의한다.

❖ 앙금 녹말을 만들 때 마른 녹말을 일부 남겨서 튀김옷이 질 경우 사용한다.

 시험시간 **30분**

홍쇼두부

紅燒豆腐

붉을 홍 태울 소 콩 두 썩을 부

재 료

두부 150g
건표고버섯(지름 5cm 정도, 물에 불린 것) 2개
마늘(중(깐 것)) 3쪽
죽순(통조림(whole), 고형분) 30g
홍고추(생) 1개
양송이(통조림(whole, 양송이 큰 것)) 2개
대파(흰부분 30cm정도) 1토막
진간장 15ml
참기름 5ml
육수(또는 물) 100ml

돼지등심(살코기) 50g
생강 5g
청경채 1포기
달걀 1개
녹말가루(감자전분) 10g
청주 5ml
식용유 500ml

요구사항

※ 주어진 재료를 사용하여 다음과 같이 홍쇼두부를 만드시오.
1. 두부는 사방 5cm, 두께 1cm 정도의 삼각형 크기로 써시오.
2. 채소는 편으로 써시오.
3. 두부는 으깨어지거나 붙지 않게 하고 갈색이 나도록 하시오.

수험자 유의사항

1) 만드는 순서에 유의하며, 위생과 숙련된 기능평가를 위하여 조리작업 시 맛을 보지 않습니다.
2) 지정된 수험자지참준비물 이외의 조리기구나 재료를 시험장내에 지참할 수 없습니다.
3) 지급재료는 시험 전 확인하여 이상이 있을 경우 시험위원으로부터 조치를 받고 시험 중에는 재료의 교환 및 추가지급은 하지 않습니다.
4) 요구사항의 규격은 "정도"의 의미를 포함하며, 지급된 재료의 크기에 따라 가감하여 채점합니다.
5) 위생상태 및 안전관리 사항을 준수합니다.
6) 다음 사항에 대해서는 채점대상에서 제외하니 특히 유의하시기 바랍니다.
   가) 기권-수험자 본인이 시험 도중 시험에 대한 포기 의사를 표현하는 경우
   나) 실격-(1) 가스레인지 화구 2개 이상(2개 포함) 사용한 경우
       (2) 불을 사용하여 만든 조리작품이 작품특성에 벗어나는 정도로 타거나 익지 않은 경우
       (3) 시험 중 시설·장비(칼, 가스레인지 등) 사용 시 감독위원 및 타수험자의 시험 진행에 위협이 될 것으로 감독위원 전원이 합의하여 판단한 경우
   다) 미완성-(1) 시험시간 내에 과제 두 가지를 제출하지 못한 경우
       (2) 문제의 요구사항대로 과제의 수량이 만들어지지 않은 경우
   라) 오작-(1) 구이를 찜으로 조리하는 등과 같이 조리방법을 다르게 한 경우
       (2) 해당과제의 지급재료 이외의 재료를 사용하거나 석쇠 등 요구사항의 조리도구를 사용하지 않은 경우
   마) 요구사항에 표시된 실격, 미완성, 오작에 해당하는 경우
7) 항목별 배점은 위생상태 및 안전관리 5점, 조리기술 30점, 작품의 평가 15점입니다.

❶ 두부 썰어 물기 제거하기

❷ 대파, 마늘, 홍고추 썰기

❸ 죽순 썰기

❹ 표고 편썰기

❺ 청경채, 죽순 데치기

❻ 돼지고기 편썰기

❼ 밑간한 고기에 흰자, 녹말 넣기

❽ 두부 노릇하게 튀기기

❾ 돼지고기 기름에 데치기

❿ 물녹말 만들기

⑪ 달군 기름에 향신채 넣어 볶은 후 간장, 청주 넣어주기

⑫ 부재료 넣어 볶은 후 육수 넣기

⑬ 데친 돼지고기, 튀긴 두부 넣어 주기

⑭ 물녹말로 농도 조절하기

⑮ 참기름 넣어 마무리 하기

 **만드는 법**

1 두부는 사방 5cm의 사각형으로 썰은 후 사선으로 반을 잘라 두께 1cm 정도의 삼각형으로 썰어 물기 제거 후 170℃ 기름에 노릇하게 튀겨낸다.

2 대파는 4×1.5cm 크기로 썰고 마늘과 생강은 얇게 편 썰기 한다.
- 홍고추는 반을 갈라 씨 제거 후 썰고 표고도 4×1.5cm 크기로 썰어 놓는다.
- 청경채, 죽순은 4×1.5cm 크기로 썰어 끓는 물에 데쳐 찬물에 헹군다.
- 양송이는 모양을 살려 0.3cm 두께로 편을 썬다.

3 돼지고기는 핏물을 제거한 후 결 반대 방향으로 4×1.5cm 크기로 얇게 저며 썰어 청주, 간장을 약간 넣어 밑간한 후 흰자, 녹말을 약간 넣어 버무린다.

4 달군 팬에 기름을 넉넉히 두르고 **3**의 돼지고기를 넣어 부드럽게 데쳐낸다.

5 녹말 1T, 물 2T을 섞어 물 녹말을 만든다.

6 달군 팬에 기름 1T을 넣고 마늘, 생강, 대파를 넣어 향을 낸 후 간장 1T, 청주로 간을 하고 표고, 양송이, 죽순, 홍고추, 청경채 순으로 볶다가 육수 1C을 넣는다.

7 육수가 끓으면 돼지고기와 두부를 넣고 물 녹말로 농도를 걸쭉하게 맞춘 후 마지막에 참기름을 넣어 고루 섞어 접시에 담아낸다.

POINT
- ❖ 두부는 으깨지지 않도록 기름에 노릇하고 바삭하게 튀겨낸다.
- ❖ 부재료는 주재료인 두부에 맞춰 크기가 너무 작지 않게 큼직하게 편 썰기 한다.
- ❖ 청경채 잎은 지저분하므로 사용하지 않는 것이 좋다.

 시험시간 **25분**

• 중식 실기 •

마파두부

麻婆豆腐

삼 마 할미 파 콩 두 썩을 부

재 료

두부 150g
마늘(중(깐 것)) 2쪽
대파(흰부분 6cm정도) 1토막
두반장 10g
고춧가루 15g
백설탕 5g
육수(또는 물) 100ml
검은후춧가루 5g

돼지등심(다진 살코기) 50g
생강 5g
홍고추(생) 1개
녹말가루(감자전분) 15g
진간장 10ml
참기름 5ml
식용유 20ml

요구사항

※ 주어진 재료를 사용하여 다음과 같이 마파두부를 만드시오.
1. 두부는 1.5cm 정도의 주사위 모양으로 써시오.
2. 두부가 으깨어지지 않게 하시오.
3. 고추기름을 만들어 사용하시오.

수험자 유의사항

1) 만드는 순서에 유의하며, 위생과 숙련된 기능평가를 위하여 조리작업 시 맛을 보지 않습니다.
2) 지정된 수험자지참준비물 이외의 조리기구나 재료를 시험장내에 지참할 수 없습니다.
3) 지급재료는 시험 전 확인하여 이상이 있을 경우 시험위원으로부터 조치를 받고 시험 중에는 재료의 교환 및 추가지급은 하지 않습니다.
4) 요구사항의 규격은 "정도"의 의미를 포함하며, 지급된 재료의 크기에 따라 가감하여 채점합니다.
5) 위생상태 및 안전관리 사항을 준수합니다.
6) 다음 사항에 대해서는 채점대상에서 제외하니 특히 유의하시기 바랍니다.
　　가) 기권-수험자 본인이 시험 도중 시험에 대한 포기 의사를 표현하는 경우
　　나) 실격-(1) 가스레인지 화구 2개 이상(2개 포함) 사용한 경우
　　　　　　 (2) 불을 사용하여 만든 조리작품이 작품특성에 벗어나는 정도로 타거나 익지 않은 경우
　　　　　　 (3) 시험 중 시설·장비(칼, 가스레인지 등) 사용 시 감독위원 및 타수험자의 시험 진행에 위협이 될 것으로 감독위원 전원이 합의하여 판단한 경우
　　다) 미완성-(1) 시험시간 내에 과제 두 가지를 제출하지 못한 경우
　　　　　　 (2) 문제의 요구사항대로 과제의 수량이 만들어지지 않은 경우
　　라) 오작-(1) 구이를 찜으로 조리하는 등과 같이 조리방법을 다르게 한 경우
　　　　　　 (2) 해당과제의 지급재료 이외의 재료를 사용하거나 석쇠 등 요구사항의 조리도구를 사용하지 않은 경우
　　마) 요구사항에 표시된 실격, 미완성, 오작에 해당하는 경우
7) 항목별 배점은 위생상태 및 안전관리 5점, 조리기술 30점, 작품의 평가 15점입니다.

① 고추기름 만들기

② 고추기름 거르기

③ 두부 썰기

④ 향신채 썰고 다지기

⑤ 홍고추 썰기

⑥ 돼지고기 다지기

⑦ 두부 데치기

⑧ 두부 찬물에 헹구기

⑨ 물녹말 만들기

⑩ 고추기름에 향신채, 간장, 청주 넣어 볶기

⑪ 다진 돼지고기 넣어 볶기

⑫ 두반장 넣어 볶기

⑬ 육수를 넣은 후 설탕, 후추 넣기

⑭ 데친 두부 넣기

⑮ 물녹말로 농도 조절한 후 참기름 넣어 완성하기

 ## 만드는 법

1 팬에 기름 4T과 고춧가루 2T을 넣고 약 불에서 볶아 고운체에 걸러 고추기름을 만든다.

2 두부는 사방 1.5cm로 썰어 끓는 물에 데쳐 찬물에 헹구어 체에 받쳐 놓는다.

3 마늘, 생강은 다진다.
- 대파는 속심을 제거하고 0.5cm로 다진다.
- 홍고추는 씨를 제거하고 0.5cm로 다진다.
- 돼지고기는 기름과 핏물을 제거한다.

4 녹말 1T, 물 2T을 섞어 물 녹말을 만든다.

5 달군 팬에 고추기름 1T을 넣고 돼지고기를 볶다가 파, 마늘, 생강, 홍고추를 넣어 향을 내고 간장 $\frac{1}{2}$t, 청주를 넣는다.

6 5에 육수 1C과 두반장 1T, 설탕 1t, 후추를 넣는다.

7 끓어오르면 두부를 넣고 물 녹말로 농도를 맞춘 후 참기름 넣고 고루 섞어 완성한다.

POINT

❖ 고춧가루와 기름 비율을 1:2 정도로 하여 끓으면 걸러 사용한다.

❖ 두부는 데친 후 찬물에 헹구지 않으면 두부가 뭉쳐서 부서지기 쉽다.

❖ 소스의 농도와 양에 주의한다.

❖ 완성작품 색이 흐리면 고추기름을 더 넣어 색을 낸다.

 시험시간 **35분**

짜춘권

炸春捲

터질 작 봄 춘 말 권

재 료

돼지등심(살코기) 50g
작은 새우살(내장이 있는 것) 30g
건표고(버섯지름 5cm 정도, 물에 불린 것) 2개
죽순(통조림(whole) 고형분) 20g
대파(흰부분 6cm) 1토막
생강 5g
밀가루(중력분) 20g
청주 20ml
소금(정제염) 2g
참기름 5ml

건해삼불린 것 20g
양파(중150g 정도) ½개
달걀 2개
조선부추 30g
녹말가루(감자전분) 15g
식용유 800ml
진간장 10ml
검은 후춧가루 2g

요구사항

※ 주어진 재료를 사용하여 다음과 같이 짜춘권을 만드시오.
1. 작은 새우를 제외한 채소는 길이 4cm 정도로 써시오.
2. 지단에 말이 할 때는 지름 3cm 정도 크기의 원통형으로 하시오.
3. 짜춘권은 길이 3cm 정도 크기로 8개 제출하시오.

수험자 유의사항

1) 만드는 순서에 유의하며, 위생과 숙련된 기능평가를 위하여 조리작업 시 맛을 보지 않습니다.
2) 지정된 수험자지참준비물 이외의 조리기구나 재료를 시험장내에 지참할 수 없습니다.
3) 지급재료는 시험 전 확인하여 이상이 있을 경우 시험위원으로부터 조치를 받고 시험 중에는 재료의 교환 및 추가지급은 하지 않습니다.
4) 요구사항의 규격은 "정도"의 의미를 포함하며, 지급된 재료의 크기에 따라 가감하여 채점합니다.
5) 위생상태 및 안전관리 사항을 준수합니다.
6) 다음 사항에 대해서는 채점대상에서 제외하니 특히 유의하시기 바랍니다.
　가) 기권-수험자 본인이 시험 도중 시험에 대한 포기 의사를 표현하는 경우
　나) 실격-(1) 가스레인지 화구 2개 이상(2개 포함) 사용한 경우
　　　　　(2) 불을 사용하여 만든 조리작품이 작품특성에 벗어나는 정도로 타거나 익지 않은 경우
　　　　　(3) 시험 중 시설·장비(칼, 가스레인지 등) 사용 시 감독위원 및 타수험자의 시험 진행에 위협이 될 것으로 감독위원 전원이 합의하여 판단한 경우
　다) 미완성-(1) 시험시간 내에 과제 두 가지를 제출하지 못한 경우
　　　　　　(2) 문제의 요구사항대로 과제의 수량이 만들어지지 않은 경우
　라) 오작-(1) 구이를 찜으로 조리하는 등과 같이 조리방법을 다르게 한 경우
　　　　　(2) 해당과제의 지급재료 이외의 재료를 사용하거나 석쇠 등 요구사항의 조리도구를 사용하지 않은 경우
　마) 요구사항에 표시된 실격, 미완성, 오작에 해당하는 경우
7) 항목별 배점은 위생상태 및 안전관리 5점, 조리기술 30점, 작품의 평가 15점입니다.

❶ 생강, 대파, 양파, 죽순 채썰기

❷ 부추, 표고, 해삼 채썰기

❸ 죽순, 표고, 해삼 데치기

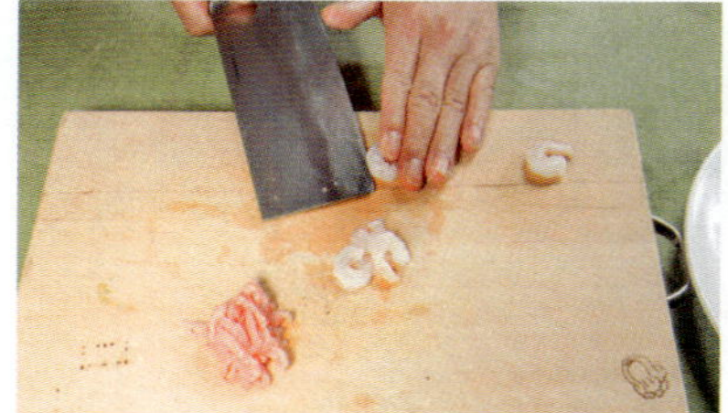

❹ 돼지고기 채썰고 새우 데친 후 포뜨기

❺ 체에 내린 달걀에 물녹말 섞어주기

❻ 지단 2장 만들기

❼ 달군 기름에 향신채 넣은 후 간장, 청주 넣기

❽ 돼지고기 넣기

❾ 양파, 표고, 부추, 소금, 후추, 참기름 넣어 마무리 하기

❿ 펼쳐 식히기

⓫ 밀가루 풀 만들기

⓬ 밀가루 풀 바른 후 속재료 넣어주기

⓭ 직경 3cm로 말기

⓮ 튀기기

⓯ 담기

 ## 만드는 법

1 야채 손질

- 표고, 양파, 부추는 4cm 채로 썰어 준비한다.
- 죽순은 빗살제거하고 4cm 채로 썰어 끓는 물에 데쳐 찬물에 헹군다.
- 대파, 생강은 채 썬다.

2 돼지고기는 채 썰어 놓는다.

3 새우는 내장 제거하여 끓는 물에 데쳐 포를 뜬다.
해삼은 내장 제거하고 4cm채로 썰어 끓는 물에 데친다.

4 달걀 2개에 소금을 넣어 고루 잘 풀어준 후 물 녹말(녹말 1T, 물 1T)을 섞어 체에 내려, 팬을 달구어 기름을 두르고 닦아낸 후 달걀을 부어 약한 불에서 지단 2장을 만든다.

5 가열한 팬에 기름 1T을 넣고 생강, 대파를 볶다가 간장 1t, 청주를 넣고 돼지고기, 양파, 표고, 죽순, 새우, 해삼 순으로 재료를 넣고 소금으로 간 한 후 부추줄기−부추잎을 넣어 살짝 볶은 후 참기름을 넣고 맛을 내어 접시에 펼쳐 식힌다.

6 밀가루 2T과 물 $1\frac{1}{2}$T을 넣고 고루 끈기가 나도록 저어 밀가루 풀을 만든다.

7 2개의 지단에 **5**의 볶은 재료를 각각 넣은 후 양끝을 접어 지름 3cm의 원형이 되도록 마는데 끝에 밀가루 풀을 발라 붙여 풀어지지 않게 한다. (2개 만들기)

8 150~160℃로 기름을 달군 후 짜춘권을 고루 굴려가며 연한 갈색이 나게 튀긴다.

9 **8**의 튀긴 짜춘권을 3cm 길이로 8개를 썰어 접시에 가지런히 세워 담는다.

POINT

❖ 지단을 2장으로 만들어 짜춘권을 2개로 만든다.

❖ 지단에 재료를 넣고 말 때 단단하게 말아야 썰었을 때 속 재료가 빠져나오지 않는다.

❖ 지단을 만들 때 된물녹말을 충분히 넣어 주어야 잘 찢어지지 않고 충분한 크기의 지단이 나온다.

시험시간 **35분**

양장피잡채

炒肉兩張皮

볶을 초 고기 육 둘 량 베풀 장 가죽 피

재 료

양장피 1/2장

양파(150g 정도) 1/2개

건목이버섯 3개

갑오징어살 50g(오징어 대체가능)

새우살(소) 50g

오이(가늘고 곧은 것, 20cm 정도) 1/3개

참기름 5ml

식초 50ml

육수(물로 대체 가능) 30ml

소금 3g

돼지등심(살코기) 50g

조선부추 30g

당근(길이로 썰어서) 30g

달걀(중) 1개

건해삼불린 것 60g

진간장 5ml

겨자 10g

백설탕 30g

식용유 20ml

★ **겨자소스** : 발효겨자 ½T, 설탕 1T, 식초 1T, 물 ½T, 소금 ½t, 참기름 약간

요구사항

※ 주어진 재료를 사용하여 다음과 같이 양장피 잡채를 만드시오.
1. 양장피는 4cm 정도로 하시오.
2. 고기와 채소는 5cm 정도 길이의 채를 써시오.
3. 겨자는 숙성시켜 사용하시오.
4. 볶은 재료와 볶지 않는 재료의 분별에 유의하여 담아내시오.

수험자 유의사항

1) 만드는 순서에 유의하며, 위생과 숙련된 기능평가를 위하여 조리작업 시 맛을 보지 않습니다.
2) 지정된 수험자지참준비물 이외의 조리기구나 재료를 시험장내에 지참할 수 없습니다.
3) 지급재료는 시험 전 확인하여 이상이 있을 경우 시험위원으로부터 조치를 받고 시험 중에는 재료의 교환 및 추가지급은 하지 않습니다.
4) 요구사항의 규격은 "정도"의 의미를 포함하며, 지급된 재료의 크기에 따라 가감하여 채점합니다.
5) 위생상태 및 안전관리 사항을 준수합니다.
6) 다음 사항에 대해서는 채점대상에서 제외하니 특히 유의하시기 바랍니다.
   가) 기권-수험자 본인이 시험 도중 시험에 대한 포기 의사를 표현하는 경우
   나) 실격-(1) 가스레인지 화구 2개 이상(2개 포함) 사용한 경우
           (2) 불을 사용하여 만든 조리작품이 작품특성에 벗어나는 정도로 타거나 익지 않은 경우
           (3) 시험 중 시설·장비(칼, 가스레인지 등) 사용 시 감독위원 및 타수험자의 시험 진행에 위협이 될 것으로 감독위원 전원이 합의하여 판단한 경우
   다) 미완성-(1) 시험시간 내에 과제 두 가지를 제출하지 못한 경우
           (2) 문제의 요구사항대로 과제의 수량이 만들어지지 않은 경우
   라) 오작-(1) 구이를 찜으로 조리하는 등과 같이 조리방법을 다르게 한 경우
           (2) 해당과제의 지급재료 이외의 재료를 사용하거나 석쇠 등 요구사항의 조리도구를 사용하지 않은 경우
   마) 요구사항에 표시된 실격, 미완성, 오작에 해당하는 경우
7) 항목별 배점은 위생상태 및 안전관리 5점, 조리기술 30점, 작품의 평가 15점입니다.

① 따뜻한 물로 겨자가루 개어 놓기

② 겨자 숙성시키기

③ 목이, 양장피 불리기

④ 오이 돌려깎기 후 채썰기

⑤ 당근 편썰어 채썰기

⑥ 오징어 칼집 넣어 데친 후 채썰고 내장 제거한 새우 데치기

⑦ 데친 해삼 식초에 버무린 후 헹구기

⑧ 황백지단 만들어 채썰기

⑨ 부추, 양파 채썰기

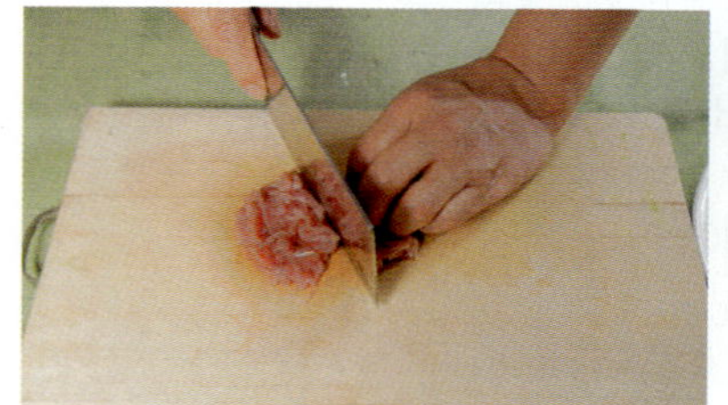

⑩ 돼지고기 채썰기

⑪ 삶은 양장피 밑간하기

⑫ 달군 기름에 고기, 양파, 목이 넣어 볶아 소금, 후추 간하기

⑬ 부추, 참기름 넣어 마무리하기

⑭ 담기

⑮ 겨자소스 만들기

 ## 만드는 법

1 물을 올려 40℃ 정도로 따뜻해지면 겨자 1T에 물 1T을 넣어 잘 갠 후 그릇 안쪽에 고루 펴서 냄비 뚜껑에 그릇을 엎어 발효시킨다.

2 양장피, 건목이버섯은 미지근한 물에 불린다.

3 돌려 담을 재료 손질
- 오징어는 껍질제거 후 안쪽에 길이로 칼집을 넣어 끓는 물에 데쳐 5cm 길이로 썬다.
- 새우는 머리, 내장 제거 후 끓는 물에 데쳐 껍질을 제거한다.
- 해삼은 5cm로 썰어 끓는 물에 데친 후 찬물에 헹군 후 식초 1t에 버무려 놓았다 헹구어 준비한다.
- 당근은 0.2cm 두께, 5cm 길이로 채 썬다.
- 오이는 돌려깍기 한 후 5cm채로 썬다.
- 달걀-황백으로 나누어 지단을 부쳐 5cm 길이로 채 썬다.

4 볶음재료
- 양파는 채 썰고 부추는 5cm 길이로 썬다.
- 불린 목이는 알맞은 크기로 찢고 돼지고기는 핏물제거 후 5cm채로 썰어 준비한다.

5 **2**의 양장피를 끓는 물에 삶아 찬물에 헹군 후 사방 4cm의 크기로 손으로 뜯어 간장, 참기름으로 양념한다.

6 팬에 기름을 두르고 돼지고기를 넣어 볶다가 간장 1t을 넣어 양파, 목이, 부추 순으로 볶은 후 소금, 참기름을 넣어 맛을 낸다.

7 겨자 소스는 **1**의 발효겨자 ½T에 설탕 1T, 식초 1T, 물 ½T, 소금 ½t, 참기름을 넣어 겨자가 고루 풀어지도록 잘 섞어준다.

8 돌려 담는 재료를 접시에 각각 마주보게 담고 그 위에 양장피를 담고 가운데 볶음 재료를 소복하게 담고 겨자소스를 곁들여 낸다.

POINT

- ❖ 새우가 클 경우 반으로 저며 사용한다.
- ❖ 돌려 담는 재료와 볶음재료를 잘 구분해서 사용한다.
- ❖ 돼지고기 양념에 녹말과 달걀흰자를 사용하지 않는다.

 시험시간 **25분**

고추잡채

清椒肉絲

푸른 청   후추 초   고기 육   실 사

재 료

돼지등심(살코기) 100g
죽순(통조림(whole), 고형분) 30g
양파(중 150g 정도) ½개
건표고버섯(지름 5cm 정도, 물에 불린 것) 2개
진간장 15ml
청주 5ml
소금(정제염) 5g
참기름 5ml
식용유 45ml

청피망(중, 75g 정도) 1개
달걀 1개
녹말가루(감자전분) 15g

요구사항

※ 주어진 재료를 사용하여 다음과 같이 고추잡채를 만드시오.
1. 주재료 피망과 고기는 5cm 정도의 채로 써시오.
2. 고기는 간을 하여 초벌 하시오.

수험자 유의사항

1) 만드는 순서에 유의하며, 위생과 숙련된 기능평가를 위하여 조리작업 시 맛을 보지 않습니다.
2) 지정된 수험자지참준비물 이외의 조리기구나 재료를 시험장내에 지참할 수 없습니다.
3) 지급재료는 시험 전 확인하여 이상이 있을 경우 시험위원으로부터 조치를 받고 시험 중에는 재료의 교환 및 추가지급은 하지 않습니다.
4) 요구사항의 규격은 "정도"의 의미를 포함하며, 지급된 재료의 크기에 따라 가감하여 채점합니다.
5) 위생상태 및 안전관리 사항을 준수합니다.
6) 다음 사항에 대해서는 채점대상에서 제외하니 특히 유의하시기 바랍니다.
　가) 기권–수험자 본인이 시험 도중 시험에 대한 포기 의사를 표현하는 경우
　나) 실격–(1) 가스레인지 화구 2개 이상(2개 포함) 사용한 경우
　　　　　(2) 불을 사용하여 만든 조리작품이 작품특성에 벗어나는 정도로 타거나 익지 않은 경우
　　　　　(3) 시험 중 시설 · 장비(칼, 가스레인지 등) 사용 시 감독위원 및 타수험자의 시험 진행에 위협이 될 것으로 감독위원 전원이 합의하여 판단한 경우
　다) 미완성–(1) 시험시간 내에 과제 두 가지를 제출하지 못한 경우
　　　　　　(2) 문제의 요구사항대로 과제의 수량이 만들어지지 않은 경우
　라) 오작–(1) 구이를 찜으로 조리하는 등과 같이 조리방법을 다르게 한 경우
　　　　　(2) 해당과제의 지급재료 이외의 재료를 사용하거나 석쇠 등 요구사항의 조리도구를 사용하지 않은 경우
　마) 요구사항에 표시된 실격, 미완성, 오작에 해당하는 경우
7) 항목별 배점은 위생상태 및 안전관리 5점, 조리기술 30점, 작품의 평가 15점입니다.

① 표고 채썰기

② 죽순 5cm 채썰기

② 피망 채썰기

④ 양파 채썰기

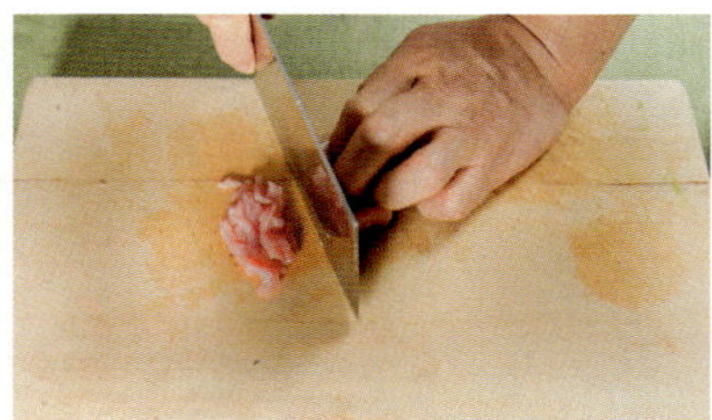

⑤ 돼지고기 5cm 채썰기

⑥ 돼지고기 밑간하기

⑦ 흰자, 녹말 약간 넣어 버무리기

⑧ 죽순 데치기

⑨ 돼지고기 기름에 데치기

⑩ 기름에 양파, 죽순, 표고, 간장, 청주 넣어 볶기

⑪ 피망채 넣은 후 데친 돼지고기, 참기름 넣어 완성하기

 ## 만드는 법

1 불린 표고는 물기 제거 후 5cm로 채 썬다.
- 죽순은 빗살무늬를 제거하고 채 썰어 끓는 물에 데쳐낸다.
- 피망은 반으로 갈라 씨와 두꺼운 속살을 제거한 후 채 썰고 양파도 고르게 채 썰어 준비한다.

2 돼지고기는 핏물제거하고 얇게 저며 5cm 길이로 채 썰어 간장 1/2t, 청주 1/2t을 넣어 밑간한 후 흰자 1t, 녹말가루를 넣어 잘 버무린다.

3 팬에 기름을 넉넉하게 넣고 120℃의 온도의 기름에 **2**의 돼지고기를 넣어 고루 저어 부드럽게 익혀 체에 밭쳐낸다.

4 달군 팬에 기름을 두르고 양파를 넣어 볶다가 죽순, 표고를 넣고 간장 1t, 청주 1t을 넣는다.

5 **4**에 청 피망과 소금을 넣어 간한 후 익힌 돼지고기를 넣고 버무린 후 마지막에 참기름을 넣어 고루 섞어 완성한다.

POINT

❖ 채로 써는 재료는 같은 굵기로 일정하게 썰어야 완성품의 형태가 좋다.

❖ 돼지고기 양념 시 달걀과 녹말은 약간만 사용하여 저온(120℃)의 기름에 잘 저어가며 붙지 않고 부드럽게 익히도록 한다.

 시험시간 **20분**

• 중식 실기 •

부추잡채

炒韭菜

볶을 초 부추 구 나물 채

재 료

부추(중국부추(호부추)) 150g
돼지등심(살코기) 50g
달걀 1개
녹말가루(감자전분) 30g
청주 15ml
소금(정제염) 5g
참기름 5ml
식용유 30ml

요구사항

※ 주어진 재료를 사용하여 다음과 같이 부추잡채를 만드시오.
1. 부추는 6cm 길이로 썰으시오.
2. 고기는 0.3×6cm 길이로 썰으시오.
3. 고기는 간을 하여 초벌 하시오.

수험자 유의사항

1) 만드는 순서에 유의하며, 위생과 숙련된 기능평가를 위하여 조리작업 시 맛을 보지 않습니다.
2) 지정된 수험자지참준비물 이외의 조리기구나 재료를 시험장내에 지참할 수 없습니다.
3) 지급재료는 시험 전 확인하여 이상이 있을 경우 시험위원으로부터 조치를 받고 시험 중에는 재료의 교환 및 추가지급은 하지 않습니다.
4) 요구사항의 규격은 "정도"의 의미를 포함하며, 지급된 재료의 크기에 따라 가감하여 채점합니다.
5) 위생상태 및 안전관리 사항을 준수합니다.
6) 다음 사항에 대해서는 채점대상에서 제외하니 특히 유의하시기 바랍니다.
   가) 기권-수험자 본인이 시험 도중 시험에 대한 포기 의사를 표현하는 경우
   나) 실격-(1) 가스레인지 화구 2개 이상(2개 포함) 사용한 경우
          (2) 불을 사용하여 만든 조리작품이 작품특성에 벗어나는 정도로 타거나 익지 않은 경우
          (3) 시험 중 시설·장비(칼, 가스레인지 등) 사용 시 감독위원 및 타수험자의 시험 진행에 위협이 될 것으로 감독위원 전원이 합의하여 판단한 경우
   다) 미완성-(1) 시험시간 내에 과제 두 가지를 제출하지 못한 경우
          (2) 문제의 요구사항대로 과제의 수량이 만들어지지 않은 경우
   라) 오작-(1) 구이를 찜으로 조리하는 등과 같이 조리방법을 다르게 한 경우
          (2) 해당과제의 지급재료 이외의 재료를 사용하거나 석쇠 등 요구사항의 조리도구를 사용하지 않은 경우
   마) 요구사항에 표시된 실격, 미완성, 오작에 해당하는 경우
7) 항목별 배점은 위생상태 및 안전관리 5점, 조리기술 30점, 작품의 평가 15점입니다.

① 부추 6cm 길이로 썰기

② 돼지고기 6cm 길이로 채썰기

③ 돼기고기 밑간하기

④ 흰자 넣어주기

⑤ 녹말 약간 넣어주기

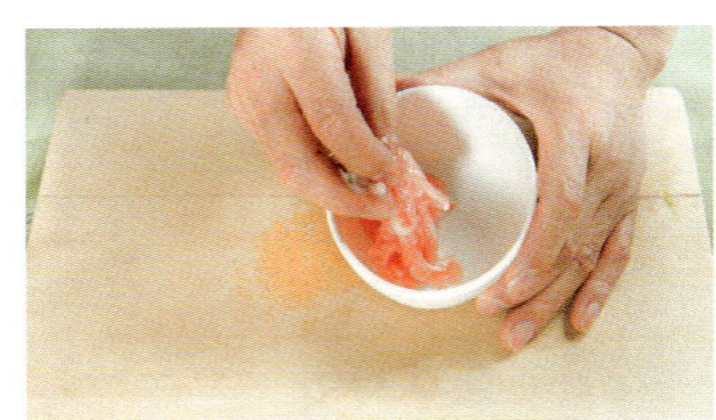

⑥ 버무리기

⑦ 돼지고기 기름에 넣기

⑧ 부드럽게 데치기

⑨ 기름에 부추 흰 부분 넣기

⑩ 파란부분 넣기

⑪ 데친 돼지고기 넣기

⑫ 참기름 넣어 마무리 하기

 **만드는 법**

1 부추는 6cm로 썰어 접시에 흰 줄기와 푸른 잎을 따로 구분하여 놓는다.

2 돼지고기는 핏물을 제거하고 6×0.3cm 채 썰어 소금, 청주를 넣어 밑간한 후 흰자, 녹말가루를 약간 넣어 잘 버무린다.

3 달군 팬에 기름을 넉넉히 넣고 120℃의 기름에 돼지고기를 넣고 달라붙지 않도록 잘 저어가며 부드럽게 익혀 체에 밭쳐 준비한다.

4 달군 팬에 기름 1T를 넣고 흰 부추 줄기와 청주, 소금을 넣고 볶다가 푸른 부추 잎을 넣고 고루 볶는다.

5 4에 익힌 돼지고기와 마지막에 참기름을 넣어 잘 섞은 후 접시에 담아 완성한다.

✎ POINT

❖ 조선부추가 나올 경우 부추와 소금을 동시에 넣어 살짝 볶다가 바로 고기를 넣고 살짝 볶아 숨이 죽지 않도록 한다.

❖ 돼지고기 양념 시 달걀과 녹말은 약간만 사용하여 저온(120℃)의 기름에 잘 저어가며 붙지 않고 부드럽게 익히도록 한다.

 시험시간 **25분**

• 중식 실기 •

채소볶음

炒蔬菜

볶을 초 채소 소 나물 채

재 료

청경채 1개

대파(흰부분 6cm 정도) 1토막

죽순(통조림(whole), 고형분) 30g

마늘(중, 깐 것) 1쪽

건표고버섯(지름 5cm정도, 물에 불린 것) 2개

양송이(통조림(whole, 양송이 큰 것)) 2개

녹말가루 20g

청주 5ml

육수(또는 물) 50ml

소금(정제염) 5g

당근(길이로 썰어서) 50g

청피망(중, 75g 정도) 1/3개

셀러리 30g

생강 5g

진간장 5ml

참기름 5ml

흰후춧가루 2g

식용유 45ml

요구사항

※주어진 재료를 사용하여 다음과 같이 채소볶음을 만드시오.

1. 모든 채소는 길이 4cm 정도의 편으로 써시오.

2. 대파, 마늘, 생강을 제외한 모든 채소는 끓는 물에 살짝 데쳐서 사용하시오.

수험자 유의사항

1) 만드는 순서에 유의하며, 위생과 숙련된 기능평가를 위하여 조리작업 시 맛을 보지 않습니다.

2) 지정된 수험자지참준비물 이외의 조리기구나 재료를 시험장내에 지참할 수 없습니다.

3) 지급재료는 시험 전 확인하여 이상이 있을 경우 시험위원으로부터 조치를 받고 시험 중에는 재료의 교환 및 추가지급은 하지 않습니다.

4) 요구사항의 규격은 "정도"의 의미를 포함하며, 지급된 재료의 크기에 따라 가감하여 채점합니다.

5) 위생상태 및 안전관리 사항을 준수합니다.

6) 다음 사항에 대해서는 채점대상에서 제외하니 특히 유의하시기 바랍니다.

    가) 기권 – 수험자 본인이 시험 도중 시험에 대한 포기 의사를 표현하는 경우

    나) 실격 – (1) 가스레인지 화구 2개 이상(2개 포함) 사용한 경우

        (2) 불을 사용하여 만든 조리작품이 작품특성에 벗어나는 정도로 타거나 익지 않은 경우

        (3) 시험 중 시설·장비(칼, 가스레인지 등) 사용 시 감독위원 및 타수험자의 시험 진행에 위협이 될 것으로 감독위원 전원이 합의하여 판단한 경우

    다) 미완성 – (1) 시험시간 내에 과제 두 가지를 제출하지 못한 경우

        (2) 문제의 요구사항대로 과제의 수량이 만들어지지 않은 경우

    라) 오작 – (1) 구이를 찜으로 조리하는 등과 같이 조리방법을 다르게 한 경우

        (2) 해당과제의 지급재료 이외의 재료를 사용하거나 석쇠 등 요구사항의 조리도구를 사용하지 않은 경우

    마) 요구사항에 표시된 실격, 미완성, 오작에 해당하는 경우

7) 항목별 배점은 위생상태 및 안전관리 5점, 조리기술 30점, 작품의 평가 15점입니다.

❶ 향신채 썰기

❷ 표고 편썰기

❸ 양송이 썰기

❹ 청경채, 당근, 샐러리 썰기

❺ 피망 썰기

❻ 죽순 썰기

❼ 버섯 데친 후 헹구기

❽ 채소 데친 후 헹구기

❾ 물녹말 만들기

❿ 달군 기름에 향신채 넣어 볶기

⓫ 간장, 청주 넣기

⓬ 버섯 넣어 볶기

⓭ 채소 넣어 볶기

⓮ 육수 넣기

⓯ 물녹말로 농도 조절 후 참기름
   넣어 마무리하기

 만드는 법

1 표고는 4×1.2cm 크기의 편으로 썰고, 양송이는 모양대로 편으로 썬다.

2 죽순은 석회질을 제거하고 4×1.2cm 편으로 썰고, 청경채도 4cm 길이로 썬다.

3 샐러리는 섬유질을 제거하고, 피망은 반을 갈라 씨와 두꺼운 속살을 저며 4×1.2cm 크기의 편으로 썰고, 당근도 같은 크기로 썬다.

4 대파는 4×1cm 크기로 편 썰고 마늘과 생강도 모양대로 편으로 썬다.

5 끓는 물에 대파, 마늘, 생강을 제외한 채소를 소금물에 데쳐 찬물에 헹구어 물기를 뺀다.

6 녹말 1t, 물 2t을 섞어 물 녹말을 만든다.

7 달군 팬에 기름 1T을 넣고 대파, 마늘, 생강을 넣어 향을 낸 후 청주, 간장 1/2t을 넣고 표고, 양송이, 죽순, 당근 넣어 볶다가 물 1/4C 넣은 다음 끓으면 샐러리, 청경채, 피망을 넣어준다.

8 7에 소금, 흰 후추로 간을 한 후 물을 녹말로 농도를 맞춘 후 마지막에 참기름을 넣고 버무려 접시에 담아낸다.

POINT

❖ 물 녹말은 다른 요리에 사용하는 것 보다 물을 더 넣어 사용하면 덩어리지지 않아 좋다.

❖ 물 녹말은 뭉치지 않게 윤기를 내는 정도만 사용한다.

❖ 간장은 적게 넣어 채소의 색이 선명하게 살아있게끔 한다.

 시험시간 **35분**

물만두

水餃子

물 수 경단 교 아들 자

재 료

밀가루(중력분) 100g
조선부추 30g
대파(흰부분 6cm 정도) 1토막
진간장 10ml
참기름 5ml

돼지등심(살코기) 50g
생강 5g
소금(정제염) 10g
청주 5ml
검은 후추가루 3g

요구사항

※ 주어진 재료를 사용하여 다음과 같이 물만두를 만드시오.
1. 만두피는 찬물로 반죽 하시오.
2. 만두피의 크기는 직경 6cm 정도로 하시오.
3. 만두는 8개 제출하시오.

수험자 유의사항

1) 만드는 순서에 유의하며, 위생과 숙련된 기능평가를 위하여 조리작업 시 맛을 보지 않습니다.
2) 지정된 수험자지참준비물 이외의 조리기구나 재료를 시험장내에 지참할 수 없습니다.
3) 지급재료는 시험 전 확인하여 이상이 있을 경우 시험위원으로부터 조치를 받고 시험 중에는 재료의 교환 및 추가지급은 하지 않습니다.
4) 요구사항의 규격은 "정도"의 의미를 포함하며, 지급된 재료의 크기에 따라 가감하여 채점합니다.
5) 위생상태 및 안전관리 사항을 준수합니다.
6) 다음 사항에 대해서는 채점대상에서 제외하니 특히 유의하시기 바랍니다.
   가) 기권-수험자 본인이 시험 도중 시험에 대한 포기 의사를 표현하는 경우
   나) 실격-(1) 가스레인지 화구 2개 이상(2개 포함) 사용한 경우
           (2) 불을 사용하여 만든 조리작품이 작품특성에 벗어나는 정도로 타거나 익지 않은 경우
           (3) 시험 중 시설·장비(칼, 가스레인지 등) 사용 시 감독위원 및 타수험자의 시험 진행에 위협이 될 것으로 감독위원 전원이 합의하여 판단한 경우
   다) 미완성-(1) 시험시간 내에 과제 두 가지를 제출하지 못한 경우
           (2) 문제의 요구사항대로 과제의 수량이 만들어지지 않은 경우
   라) 오작-(1) 구이를 찜으로 조리하는 등과 같이 조리방법을 다르게 한 경우
           (2) 해당과제의 지급재료 이외의 재료를 사용하거나 석쇠 등 요구사항의 조리도구를 사용하지 않은 경우
   마) 요구사항에 표시된 실격, 미완성, 오작에 해당하는 경우
7) 항목별 배점은 위생상태 및 안전관리 5점, 조리기술 30점, 작품의 평가 15점입니다.

① 덧가루용 밀가루 따로 빼놓고 밀가루 체에 내리기

② 체에 내린 밀가루에 소금물 넣기

③ 밀가루 반죽하기

④ 비닐에 반죽을 넣어 숙성시키기

⑤ 부추썰기

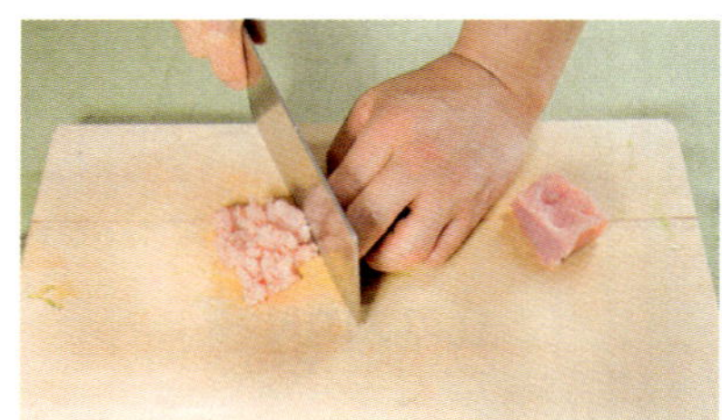

⑥ 돼지고기 다지기

⑦ 돼지고기에 간장, 청주, 후추, 참기름, 다진 대파, 생강, 소금 약간을 넣어 양념하기

⑧ 부추 넣어 소 만들기

⑨ 지름 2cm, 두께 1cm로 썰어 8개 준비하기

⑩ 직경 6cm의 만두피 만들기

⑪ 만두피에 소 넣기

⑫ 만두 만들기(8개)

⑬ 끓는 물에 소금 약간 넣고 만두 넣어 삶기

⑭ 끓어 오르면 찬물 2~3번 부어주기

⑮ 접시에 담고 물 자작하게 부어주기

 ## 만드는 법

1 밀가루 1/2C을 체에 내린 후 찬물 2T과 소금을 넣어 고루 치대어 만두피 반죽을 한 후 비닐에 넣어 숙성한다.

2 생강, 대파는 다지고 부추는 0.3cm 정도로 송송 썬다.

3 돼지고기는 다져 핏물을 제거한 후 간장, 청주 1t, 후추, 참기름 1/2t＋다진 대파＋다진 생강, 소금으로 양념한 후 젓가락으로 끈기가 생기도록 한 방향으로 저어 준 후 부추를 넣고 섞어준다.

4 **1**의 반죽을 지름 6cm가 되게 얇게 밀어 만두피를 만든 다음 소 1t을 넣어 반으로 접은 후 삼각 모양으로 8개를 만든다.

5 냄비에 물 3C과 소금 약간을 넣고 끓어오르면 만두를 넣어 중간에 찬물을 2~3번 끼얹어 속까지 잘 익혀낸다.

6 접시에 만두를 담고 만두 삶은 국물을 접시 바닥에 고일 정도로 부어낸다.

POINT

❖ 만두피는 찬물로 반죽한다.

❖ 만두피는 얇게 밀어 만두 속이 투명하게 비치도록 한다.

❖ 물만두 크기가 너무 크지 않도록 하고 일정하게 만든다.

 시험시간 **35분**

증교자

蒸餃子

찔 증 경단 교 아들 자

재 료

돼지 등심(다진 살코기) 50g
대파(흰 부분, 6cm 정도) 1토막
생강 5g
청주 10ml
참기름 5ml
검은 후추가루 5g

밀가루 100g
조선 부추 30g
진간장 20ml
소금(정제염) 10g
굴소스 10ml

요구사항

※ 주어진 재료를 사용하여 다음과 같이 증교자를 만드시오.
1. 증교자의 주름은 한 방향으로 5개 이상 접으시오
2. 만두피는 익반죽으로 하시오
3. 만두길이는 7cm 정도로 하고, 6개를 만들어 접시에 담아내시오

수험자 유의사항

1) 만드는 순서에 유의하며, 위생과 숙련된 기능평가를 위하여 조리작업 시 맛을 보지 않습니다.
2) 지정된 수험자지참준비물 이외의 조리기구나 재료를 시험장내에 지참할 수 없습니다.
3) 지급재료는 시험 전 확인하여 이상이 있을 경우 시험위원으로부터 조치를 받고 시험 중에는 재료의 교환 및 추가지급은 하지 않습니다.
4) 요구사항의 규격은 "정도"의 의미를 포함하며, 지급된 재료의 크기에 따라 가감하여 채점합니다.
5) 위생상태 및 안전관리 사항을 준수합니다.
6) 다음 사항에 대해서는 채점대상에서 제외하니 특히 유의하시기 바랍니다.
   가) 기권 – 수험자 본인이 시험 도중 시험에 대한 포기 의사를 표현하는 경우
   나) 실격 – (1) 가스레인지 화구 2개 이상(2개 포함) 사용한 경우
            (2) 불을 사용하여 만든 조리작품이 작품특성에 벗어나는 정도로 타거나 익지 않은 경우
            (3) 시험 중 시설·장비(칼, 가스레인지 등) 사용 시 감독위원 및 타수험자의 시험 진행에 위협이 될 것으로 감독위원 전원이 합의하여 판단한 경우
   다) 미완성 – (1) 시험시간 내에 과제 두 가지를 제출하지 못한 경우
            (2) 문제의 요구사항대로 과제의 수량이 만들어지지 않은 경우
   라) 오작 – (1) 구이를 찜으로 조리하는 등과 같이 조리방법을 다르게 한 경우
            (2) 해당과제의 지급재료 이외의 재료를 사용하거나 석쇠 등 요구사항의 조리도구를 사용하지 않은 경우
   마) 요구사항에 표시된 실격, 미완성, 오작에 해당하는 경우
7) 항목별 배점은 위생상태 및 안전관리 5점, 조리기술 30점, 작품의 평가 15점입니다.

① 덧가루 남기고 밀가루 체에 내리기

② 끓는 소금물 넣어 반죽하기

③ 익반죽 후 잘 치대어 숙성시키기

④ 생강, 대파는 다지고 부추는 0.3cm로 송송 썰기

⑤ 돼지고기에 양념 넣기

⑥ 다진 돼지고기에 양념 넣어 섞어주기

⑦ 부추 넣어 섞어주기

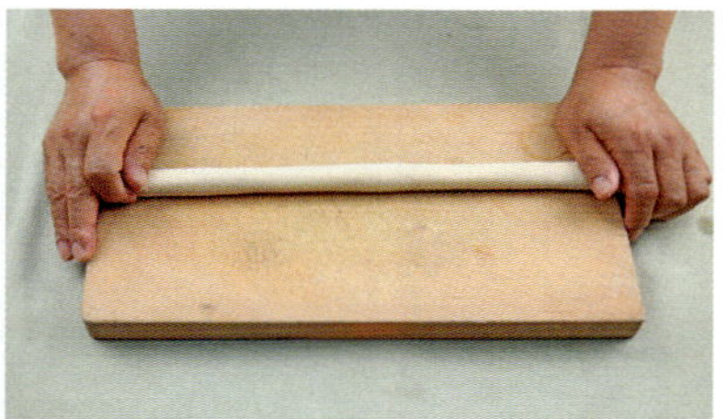

⑧ 가래떡 굵기로 늘리기

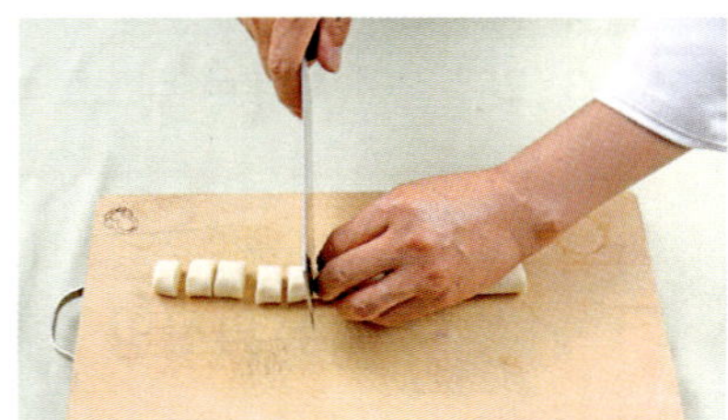

⑨ 1cm 정도로 썰기

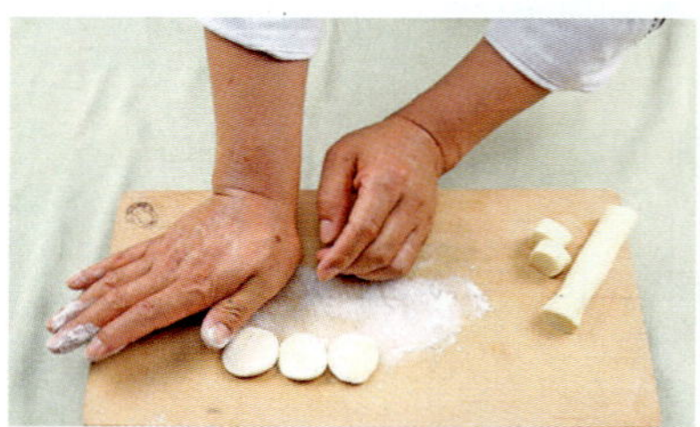

⑩ 손바닥으로 납작하게 눌러주기

⑪ 지름 7cm의 만두피 만들기

⑫ 만두피 안에 만두소 넣기

⑬ 5개이상의 주름을 잡아 6개의 만두 만들기

⑭ 젖은 면포 깔고 만두 넣어 찌기

 만드는 법

• 종교자 •

1 밀가루는 덧가루용은 남겨두고 체에 내려 소금 1t 넣어 끓인 물로 익반죽하여 잘 치대준 후 비닐에 넣어 잘 숙성시킨다.

2 생강, 대파는 다지고 부추는 0.3cm 정도로 송송 썬다.

3 돼지고기는 다져 핏물을 제거한 후 간장 ½t, 청주 1t, 후추, 참기름 1t, 다진 파, 생강즙, 굴소스 1t 양념한 후 젓가락으로 끈기가 생기도록 한 방향으로 저어 고기를 부드럽게 한 다음 부추를 섞어준다.

4 숙성시킨 반죽을 잘 치대어 매끄럽게 한 후 가래떡 굵기로 늘린 후 1cm 정도 길이로 썰어 손바닥으로 납작하게 눌러 놓는다.

5 밀대로 돌려가며 지름 7cm 크기의 만두피를 만든다.

6 만두피 안에 3의 만두소를 ½T 정도를 넣고 만두피를 오른손 엄지와 검지를 이용해 눌러 주면서 주름을 5개 이상 정도 잡아 6개의 만두를 빚는다.

7 김이 오른 찜통에 젖은 면보를 깔고 빚은 만두를 넣어 10분 정도 쪄서 접시에 보기 좋게 담아 낸다.

POINT

❖ 만두가 면포에서 떨어지지 않을 경우 면포에 물을 묻히면 잘 떼어진다.

 **시험시간 30분**

유니짜장면

肉泥炸醬麵

고기 육 진흙 니 터질 작 된장 장 밀가루 면

재 료

돼지등심(다진 살코기) 50g
중화면(생면) 150g
오이(가늘고 곧은 것 20cm) 1/4개
춘장 50g
진간장 50ml
소금(정제염) 10g
참기름 10ml
육수(또는 물) 200ml

호박(애호박) 50g
양파(중 150g 정도) 1개
생강 10g
녹말가루(감자전분) 50g
청주 50ml
백설탕 20g
식용유 100ml

요구사항

※ 주어진 재료를 사용하여 다음과 같이 유니짜장면을 만드시오.
1. 춘장은 기름에 볶아서 사용하시오.
2. 양파, 호박은 0.5cm×0.5cm 정도 크기의 네모꼴로 써시오.
3. 중화면은 끓는 물에 삶아 찬물에 행군 후 데쳐 사용하시오.
4. 삶은 면에 짜장소스를 부어 오이채를 올려내시오.

수험자 유의사항

1) 만드는 순서에 유의하며, 위생과 숙련된 기능평가를 위하여 조리작업 시 맛을 보지 않습니다.
2) 지정된 수험자지참준비물 이외의 조리기구나 재료를 시험장내에 지참할 수 없습니다.
3) 지급재료는 시험 전 확인하여 이상이 있을 경우 시험위원으로부터 조치를 받고 시험 중에는 재료의 교환 및 추가지급은 하지 않습니다.
4) 요구사항의 규격은 "정도"의 의미를 포함하며, 지급된 재료의 크기에 따라 가감하여 채점합니다.
5) 위생상태 및 안전관리 사항을 준수합니다.
6) 다음 사항에 대해서는 채점대상에서 제외하니 특히 유의하시기 바랍니다.
　가) 기권－수험자 본인이 시험 도중 시험에 대한 포기 의사를 표현하는 경우
　나) 실격－(1) 가스레인지 화구 2개 이상(2개 포함) 사용한 경우
　　　　　(2) 불을 사용하여 만든 조리작품이 작품특성에 벗어나는 정도로 타거나 익지 않은 경우
　　　　　(3) 시험 중 시설·장비(칼, 가스레인지 등) 사용 시 감독위원 및 타수험자의 시험 진행에 위협이 될 것으로 감독위원 전원이 합의하여 판단한 경우
　다) 미완성－(1) 시험시간 내에 과제 두 가지를 제출하지 못한 경우
　　　　　　(2) 문제의 요구사항대로 과제의 수량이 만들어지지 않은 경우
　라) 오작－(1) 구이를 찜으로 조리하는 등과 같이 조리방법을 다르게 한 경우
　　　　　(2) 해당과제의 지급재료 이외의 재료를 사용하거나 석쇠 등 요구사항의 조리도구를 사용하지 않은 경우
　마) 요구사항에 표시된 실격, 미완성, 오작에 해당하는 경우
7) 항목별 배점은 위생상태 및 안전관리 5점, 조리기술 30점, 작품의 평가 15점입니다.

① 생강 다지고 양파썰기

② 호박 썰기

③ 오이 5cm 정도로 어슷 채썰기

④ 춘장 볶기

⑤ 물녹말 만들기

⑥ 기름 두른 팬에 다진 생강, 돼지
고기 넣어 볶기

⑦ 간장, 청주 넣기

⑧ 양파, 호박 넣어 볶기

⑨ 춘장 넣어 볶기

⑩ 육수, 설탕 넣기

⑪ 물녹말로 농도 조절하기

⑫ 참기름 넣기

⑬ 면삶기

⑭ 삶은면 다시 뜨거운 물에 데친
후 그릇에 담기

⑮ 짜장소스 얹은 후 오이채 올려
완성하기

 **만드는 법**

1 생강은 다지고 양파, 호박은 사방 0.5cm로 썬다.
- 오이는 5cm 길이로 어슷썰기 하여 채 썬다.

2 다진 돼지고기는 핏물을 제거한다.

3 중식 팬에 기름 1/2c을 넣어 가열 후 춘장을 넣어 볶아낸다.

4 물 녹말을 만든다.(녹말 1T : 물 2T)

5 팬을 달군 후 기름을 넣고 다진 생강, 다진 고기 순으로 넣어 볶다가 간장 ½T, 청주 1T를 넣고 양파와 호박을 볶으며 춘장 1T을 넣어 고루 풀어가며 익힌다.

6 **5**에 육수 ½C와 설탕 ½T을 넣고 물 녹말로 농도를 맞춘 후 마지막에 참기름을 넣고 불을 끈다.

7 냄비에 물을 올려 소금을 약간 넣고 중화 면을 삶아 물에 헹구어 준비한다.

8 삶은 면을 다시 뜨거운 물에 넣었다 뺀 후 그릇에 담고 짜장 소스를 얹고 오이채를 올려 완성한다.

POINT

❖ 짜장 소스의 농도에 유의한다.

❖ 춘장이 잠길 정도의 기름을 넣고 기름이 가열된 상태에서 춘장을 넣어 충분히 볶아주어야 춘장이 텁텁한 맛이 없고 짜장이 더 고소해진다.

❖ 면 삶을 물을 미리 올려놓아 조리 시간을 단축하도록 한다.

 시험시간 **30분**

울면

溫滷麵

따뜻할 온 금발 노 밀가루 면

재 료

중화면(생면) 150g
작은 새우 살 20g
당근(길이 6cm 정도) 20g
대파(흰 부분 6cm정도) 1토막
건 목이버섯 1개
달걀 1개
녹말가루(감자전분) 20g
청주 30ml
소금(정제염) 5g
육수(또는 물) 500ml

오징어(몸통) 50g
조선부추 10g

배춧잎 20g($\frac{1}{2}$잎)
양파(중 150g) 1/4개
마늘(중 깐 것) 3쪽
진간장 5ml
참기름 5ml
흰 후추가루 3g

요구사항

※ 주어진 재료를 사용하여 다음과 같이 울면을 만드시오.
1. 오징어, 대파, 양파, 당근, 배춧잎은 6cm 정도 길이로 채 써시오.
2. 중화면은 끓는 물에 삶아 찬물에 행군 후 데쳐 사용하시오.
3. 소스는 농도를 잘 맞춘 다음, 달걀을 풀 때 덩어리지지 않게 하시오.

수험자 유의사항

1) 만드는 순서에 유의하며, 위생과 숙련된 기능평가를 위하여 조리작업 시 맛을 보지 않습니다.
2) 지정된 수험자지참준비물 이외의 조리기구나 재료를 시험장내에 지참할 수 없습니다.
3) 지급재료는 시험 전 확인하여 이상이 있을 경우 시험위원으로부터 조치를 받고 시험 중에는 재료의 교환 및 추가지급은 하지 않습니다.
4) 요구사항의 규격은 "정도"의 의미를 포함하며, 지급된 재료의 크기에 따라 가감하여 채점합니다.
5) 위생상태 및 안전관리 사항을 준수합니다.
6) 다음 사항에 대해서는 채점대상에서 제외하니 특히 유의하시기 바랍니다.
   가) 기권−수험자 본인이 시험 도중 시험에 대한 포기 의사를 표현하는 경우
   나) 실격−(1) 가스레인지 화구 2개 이상(2개 포함) 사용한 경우
         (2) 불을 사용하여 만든 조리작품이 작품특성에 벗어나는 정도로 타거나 익지 않은 경우
         (3) 시험 중 시설·장비(칼, 가스레인지 등) 사용 시 감독위원 및 타수험자의 시험 진행에 위협이 될 것으로 감독위원 전원이 합의하여 판단한 경우
   다) 미완성−(1) 시험시간 내에 과제 두 가지를 제출하지 못한 경우
         (2) 문제의 요구사항대로 과제의 수량이 만들어지지 않은 경우
   라) 오작−(1) 구이를 찜으로 조리하는 등과 같이 조리방법을 다르게 한 경우
         (2) 해당과제의 지급재료 이외의 재료를 사용하거나 석쇠 등 요구사항의 조리도구를 사용하지 않은 경우
   마) 요구사항에 표시된 실격, 미완성, 오작에 해당하는 경우
7) 항목별 배점은 위생상태 및 안전관리 5점, 조리기술 30점, 작품의 평가 15점입니다.

① 마늘, 부추 채썰기

② 부재료 채썰기

③ 오징어 채썰기

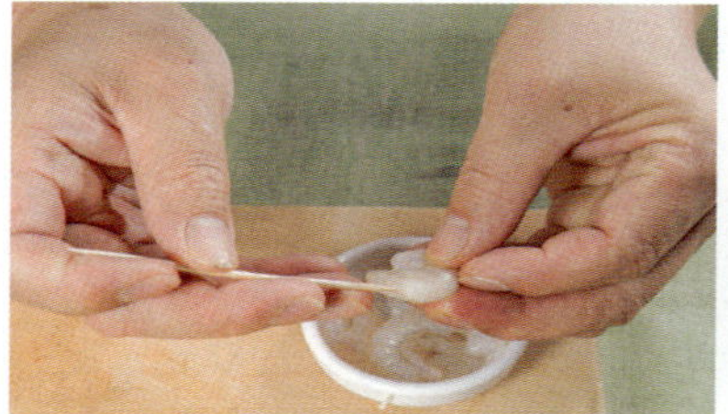

④ 새우 내장 제거하기

⑤ 달걀 풀어 놓기

⑥ 물녹말 만들기

⑦ 면 삶아 헹구기

⑧ 육수에 마늘, 대파채 넣기

⑨ 간장색, 소금간, 청주 넣기

⑩ 모든 부재료 넣어주기

⑪ 물녹말로 농도 조절하기

⑫ 뭉치지 않게 달걀물 넣은 후 참기름, 부추 넣기

⑬ 삶은 면 다시 뜨거운 물에 데쳐 그릇에 담기

⑭ 소스 부어 주기

 **만드는 법**

1 건 목이버섯은 더운 물에 불린 후 한입 크기로 뜯어 놓는다.

2 대파, 양파, 당근, 배춧잎은 6cm로 채 썬다.
  • 부추는 6cm로 썰고 마늘도 채 썬다.

3 오징어는 6cm로 썰고 새우 살은 내장 제거한다.

4 냄비에 넉넉히 물을 올려 소금을 약간 넣고 중화 면을 삶아 찬물에 헹구어 놓는다.

5 물 녹말(녹말 2T, 물 4T)을 만들고 달걀은 잘 풀어 준비한다.

6 팬에 물 3C을 붓고 끓으면 마늘, 대파-간장 1t, 청주 1T를 넣어 향을 낸 후 돼지고기, 당근, 양파, 배추, 목이버섯 순으로 넣고 끓이다가 오징어, 새우살 순으로 넣어 끓인다.

7 6의 국물에 소금, 흰 후추를 넣어 맛을 내고 물 녹말로 농도를 맞춘 후 달걀을 넣어 덩어리지지 않게 푼 후 마지막에 부추와 참기름을 넣어 마무리한다.

8 끓는 물에 삶은 중화 면을 뜨거운 물에 넣었다 뺀 후 그릇에 담고 울면 소스를 끼얹어 완성한다.

POINT

❖ 소스 농도에 유의하고 달걀 풀 때 덩어리지지 않게 유의한다.

❖ 중화면 끓는 물에 데쳐 뜨겁게 하여 담는다.

 시험시간 **30분**

• 중식 실기 •

새우볶음밥

蝦仁炒飯

새우 하 어질 인 볶을 초 밥 반

재 료

쌀(30분 정도 물에 불린 쌀) 150g
작은 새우살 30g   달걀 1개
대파(흰부분 6cm 정도) 1토막   당근 20g
청피망 중(75g 정도) $\frac{1}{3}$개   식용유 30ml
소금 5g   흰후춧가루 5g

요구사항

※ 주어진 재료를 사용하여 다음과 같이 새우볶음밥을 만드시오.
1. 새우는 내장을 제거하고 데쳐서 사용하시오.
2. 채소는 0.5cm 정도 크기의 주사위 모양으로 써시오.
3. 완성된 볶음밥은 질지 않게 하여 전량 제출하시오.

수험자 유의사항

1) 만드는 순서에 유의하며, 위생과 숙련된 기능평가를 위하여 조리작업 시 맛을 보지 않습니다.
2) 지정된 수험자지참준비물 이외의 조리기구나 재료를 시험장내에 지참할 수 없습니다.
3) 지급재료는 시험 전 확인하여 이상이 있을 경우 시험위원으로부터 조치를 받고 시험 중에는 재료의 교환 및 추가지급은 하지 않습니다.
4) 요구사항의 규격은 "정도"의 의미를 포함하며, 지급된 재료의 크기에 따라 가감하여 채점합니다.
5) 위생상태 및 안전관리 사항을 준수합니다.
6) 다음 사항에 대해서는 채점대상에서 제외하니 특히 유의하시기 바랍니다.
　가) 기권－수험자 본인이 시험 도중 시험에 대한 포기 의사를 표현하는 경우
　나) 실격－(1) 가스레인지 화구 2개 이상(2개 포함) 사용한 경우
　　　　　　(2) 불을 사용하여 만든 조리작품이 작품특성에 벗어나는 정도로 타거나 익지 않은 경우
　　　　　　(3) 시험 중 시설·장비(칼, 가스레인지 등) 사용 시 감독위원 및 타수험자의 시험 진행에 위협이 될 것으로 감독위원 전원이 합의하여 판단한 경우
　다) 미완성－(1) 시험시간 내에 과제 두 가지를 제출하지 못한 경우
　　　　　　(2) 문제의 요구사항대로 과제의 수량이 만들어지지 않은 경우
　라) 오작－(1) 구이를 찜으로 조리하는 등과 같이 조리방법을 다르게 한 경우
　　　　　　(2) 해당과제의 지급재료 이외의 재료를 사용하거나 석쇠 등 요구사항의 조리도구를 사용하지 않은 경우
　마) 요구사항에 표시된 실격, 미완성, 오작에 해당하는 경우
7) 항목별 배점은 위생상태 및 안전관리 5점, 조리기술 30점, 작품의 평가 15점입니다.

① 새우살 내장 제거하기

② 새우살 끓는 소금물에 데치기

③ 동량의 물 넣어 밥 짓기

④ 대파, 당근 0.5cm크기의 주사위 모양으로 썰기

⑤ 피망 0.5cm 주사위 모양으로 썰기

⑥ 달걀 풀어 놓기

⑦ 달군팬에 식용유 두르고 대파, 달걀 반 넣어 익히기

⑧ 달걀 반정도 익으면 당근, 청피망, 데친 새우 넣어 볶아주기

⑨ 소금 약간 넣어 밥공기에 담기

⑩ 달군팬에 식용유를 두르고 대파, 달걀 반 넣어 볶아주기

⑪ 밥을 넣어 노릇하게 볶아주기

⑫ 볶음재료 담은 밥공기 위에 채우기

⑬ 꾹 눌러 담기

⑭ 볶음밥 접시에 밥공기 뒤집기

⑮ 밥 공기를 빼내어 보기 좋게 담기

 **만드는 법**

1 새우살은 내장을 제거한 후 끓는 소금물에 데쳐 놓는다.

2 불린 쌀은 씻어서 체에 건진 후 동량의 물을 넣어 밥을 고슬고슬하게 지어 놓는다.

3 양파, 대파, 당근, 청피망은 0.5cm정도 크기의 주사위 모양으로 썰어 놓는다.
  달걀은 잘 풀어 놓는다.

4 달구어진 팬에 식용유를 두르고 뜨거워지면 풀어둔 달걀을 넣고 저으면서 부드럽게 익혀낸다.

5 달구어진 팬에 식용유를 두르고 대파를 넣어 향을 낸 후 채소를 넣어 살짝 볶다가 밥을 넣고
  센 불에서 골고루 섞어주면서 볶아준다.

6 **5**에 익힌 달걀, 새우살을 넣어 볶으면서 소금, 흰 후추 넣고 밥알에 기름이 골고루 스며들면서
  노릇하게 될 때까지 센 불에서 좀 더 볶아준 후 밥공기에 채워 준다.

7 볶음밥 접시에 볶음밥을 채운 밥공기를 뒤집어서 보기 좋게 담아낸다.

✏ POINT

❖ 약한 불에서 볶으면 밥알이 딱딱한 느낌을 준다.

❖ 볶음 팬과 기름을 미리 뜨겁게 해서 사용하면 밥이 달라붙지 않고 밥알이 살아있는 것처럼 고슬고슬한 볶음밥을 만들 수 있다.

❖ 밥공기에 볶음밥을 가득 채운 후 꾹 눌러 주어야 접시에 담았을 때 모양이 흐트러지지 않는다.

 시험시간 **25분**
• 중식 실기

빠스옥수수

拔絲玉米

뽑을 발   실 사   구슬 옥   쌀 미

재 료

옥수수(통조림(고형분)) 120g
땅콩 7알
밀가루(중력분) 80g
달걀 1개
백설탕 50g
기름 500ml
식용유 500ml

요구사항

※ 주어진 재료를 사용하여 다음과 같이 빠스 옥수수를 만드시오.
1. 완자의 크기를 직경 3cm 정도 공 모양으로 하시오.
2. 설탕시럽은 타지 않게 만드시오.
3. 땅콩은 다져 옥수수와 함께 버무려 사용하시오.
4. 빠스 옥수수는 6개 만드시오.

수험자 유의사항

1) 만드는 순서에 유의하며, 위생과 숙련된 기능평가를 위하여 조리작업 시 맛을 보지 않습니다.
2) 지정된 수험자지참준비물 이외의 조리기구나 재료를 시험장내에 지참할 수 없습니다.
3) 지급재료는 시험 전 확인하여 이상이 있을 경우 시험위원으로부터 조치를 받고 시험 중에는 재료의 교환 및 추가지급은 하지 않습니다.
4) 요구사항의 규격은 "정도"의 의미를 포함하며, 지급된 재료의 크기에 따라 가감하여 채점합니다.
5) 위생상태 및 안전관리 사항을 준수합니다.
6) 다음 사항에 대해서는 채점대상에서 제외하니 특히 유의하시기 바랍니다.
　가) 기권－수험자 본인이 시험 도중 시험에 대한 포기 의사를 표현하는 경우
　나) 실격－(1) 가스레인지 화구 2개 이상(2개 포함) 사용한 경우
　　　　　(2) 불을 사용하여 만든 조리작품이 작품특성에 벗어나는 정도로 타거나 익지 않은 경우
　　　　　(3) 시험 중 시설·장비(칼, 가스레인지 등) 사용 시 감독위원 및 타수험자의 시험 진행에 위협이 될 것으로 감독위원 전원이 합의하여 판단한 경우
　다) 미완성－(1) 시험시간 내에 과제 두 가지를 제출하지 못한 경우
　　　　　　(2) 문제의 요구사항대로 과제의 수량이 만들어지지 않은 경우
　라) 오작－(1) 구이를 찜으로 조리하는 등과 같이 조리방법을 다르게 한 경우
　　　　　(2) 해당과제의 지급재료 이외의 재료를 사용하거나 석쇠 등 요구사항의 조리도구를 사용하지 않은 경우
　마) 요구사항에 표시된 실격, 미완성, 오작에 해당하는 경우
7) 항목별 배점은 위생상태 및 안전관리 5점, 조리기술 30점, 작품의 평가 15점입니다.

① 땅콩 다지기

② 옥수수 다지기

③ 다진 옥수수에 달걀노른자, 밀가루, 다진 땅콩 넣어 섞어주기

④ 젓가락으로 섞어주기

⑤ 직경 3cm 완자를 만들어 기름 바른 수저로 떼어내기(6개)

⑥ 달군 기름에 노릇하게 튀기기

⑦ 체로 건지기

⑧ 달군 기름에 설탕 넣어 고르게 펴주기

⑨ 연한 갈색으로 시럽이 만들어 지면 튀긴 옥수수를 넣어주기

⑩ 찬물 약간 넣어주기

⑪ 기름 바른 접시에 담기

⑫ 식은 후 담기

 ## 만드는 법

1 땅콩은 껍질을 벗겨 0.3cm로 굵게 다진다.

2 옥수수는 체에 밭쳐 물기를 빼고 칼로 다진 후 달걀노른자 $\frac{1}{2}$개, 밀가루 2~3T, 다진 땅콩을 넣어 약간 되직하게 반죽한다.

3 튀김 기름을 가열하여 160℃의 온도가 되면 **2**의 반죽을 손에 쥐고 숟가락으로 완자의 지름이 3cm가 되게 둥글게 모양을 내어 튀겨낸다.(6개)

4 접시에 기름을 발라 놓는다.

5 달군 팬에 기름 1T과 설탕 3T을 넣어 설탕이 녹기 시작하여 투명해지면 살짝 저어 가며 갈색의 시럽을 만든다.

6 **5**의 시럽에 옥수수 완자를 넣어 고루 버무리며 물 1t을 넣어 시럽이 굳게 한다.

7 **4**의 접시에 빠스 옥수수가 붙지 않도록 식혔다가 완성접시에 담아낸다.

POINT

❖ 완자를 요구사항에 맞는 크기로 일정하게 만든다.

❖ 온도를 잘 맞추어 속까지 고루 익히도록 한다.

❖ 시럽의 색은 진한 황금색이 나도록 하고 농도를 잘 맞추도록 한다.

❖ 빠스가 완성되면 커지므로 조금 작게 만들어 튀긴다.

❖ 옥수수 반죽을 오래 치대면 식감이 질겨지므로 젓가락을 이용하여 대충 반죽하도록 한다.

 시험시간 **25분**

• 중식 실기 •

빠스고구마

拔絲地瓜

뽑을 발 실 사 땅 지 참외 과

재 료

고구마(300g 정도) 1개
백설탕 100g
식용유 1000ml

요구사항

※ 주어진 재료를 사용하여 다음과 같이 빠스 고구마를 만드시오.
1. 고구마는 껍질을 벗기고 먼저 길게 4등분을 내고, 다시 4cm 정도 길이의 다각형으로 돌려 썰기 하시오.
2. 튀김이 바삭하게 되도록 하시오.

수험자 유의사항

1) 만드는 순서에 유의하며, 위생과 숙련된 기능평가를 위하여 조리작업 시 맛을 보지 않습니다.
2) 지정된 수험자지참준비물 이외의 조리기구나 재료를 시험장내에 지참할 수 없습니다.
3) 지급재료는 시험 전 확인하여 이상이 있을 경우 시험위원으로부터 조치를 받고 시험 중에는 재료의 교환 및 추가지급은 하지 않습니다.
4) 요구사항의 규격은 "정도"의 의미를 포함하며, 지급된 재료의 크기에 따라 가감하여 채점합니다.
5) 위생상태 및 안전관리 사항을 준수합니다.
6) 다음 사항에 대해서는 채점대상에서 제외하니 특히 유의하시기 바랍니다.
   가) 기권 – 수험자 본인이 시험 도중 시험에 대한 포기 의사를 표현하는 경우
   나) 실격 – (1) 가스레인지 화구 2개 이상(2개 포함) 사용한 경우
       (2) 불을 사용하여 만든 조리작품이 작품특성에 벗어나는 정도로 타거나 익지 않은 경우
       (3) 시험 중 시설·장비(칼, 가스레인지 등) 사용 시 감독위원 및 타수험자의 시험 진행에 위협이 될 것으로 감독위원 전원이 합의하여 판단한 경우
   다) 미완성 – (1) 시험시간 내에 과제 두 가지를 제출하지 못한 경우
       (2) 문제의 요구사항대로 과제의 수량이 만들어지지 않은 경우
   라) 오작 – (1) 구이를 찜으로 조리하는 등과 같이 조리방법을 다르게 한 경우
       (2) 해당과제의 지급재료 이외의 재료를 사용하거나 석쇠 등 요구사항의 조리도구를 사용하지 않은 경우
   마) 요구사항에 표시된 실격, 미완성, 오작에 해당하는 경우
7) 항목별 배점은 위생상태 및 안전관리 5점, 조리기술 30점, 작품의 평가 15점입니다.

① 고구마 길이로 4등분하기

② 4cm 정도 다각형으로 썰기

③ 찬물에 담그기

④ 체에 건져 행주로 물기 제거하기

⑤ 달군 기름에 넣기

⑥ 고구마를 노릇하게 튀기기

⑦ 튀긴 고구마 건지기

⑧ 달군 식용유에 설탕 넣어주기

⑨ 연한 갈색으로 투명하게 녹으면 저어주기

⑩ 튀긴 고구마 넣기

⑪ 찬물 약간 넣어준 후 버무리기

⑫ 기름 바른 접시에 펼쳐두기

⑬ 식은 후 담기

 ## 만드는 법

1 고구마는 껍질을 벗기고 길이로 4등분한 후 한 면의 길이가 4cm 정도의 다각형으로 돌려 썰기 한다.

2 1의 고구마를 물에 헹궈 전분기를 제거한 후 물기를 잘 닦아낸다.

3 팬에 튀김 기름을 올려 160℃ 정도의 온도가 되면 한 번에 고구마를 넣어 노릇노릇하게 색이 나도록 튀겨 체에 받친다.

4 접시에 기름을 발라 놓는다.

5 달군 팬에 기름 1T과 설탕 3T을 넣고 가장 자리가 색이 나기 시작하면 주걱으로 살살 저어 갈색의 시럽을 만든다.

6 5의 시럽에 튀긴 고구마를 넣어 고루 버무리며 물 1t을 넣어 시럽이 굳도록 한다.

7 4의 접시에 빠스 고구마가 붙지 않도록 놓았다가 식으면 완성접시에 담는다.

POINT

❖ 고구마를 튀길 때 온도에 유의하여 겉은 노릇하고 속까지 고루 익힌다.

❖ 설탕이 녹을 때까지 젓지 않아야 시럽이 혼탁하지 않다.

일식 실기

- 일본요리의 특징

- 일식조리 기초과정

- 일식실기

일본요리의 특징

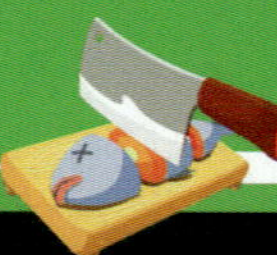

① 일본요리의 특징

일본의 음식은 눈으로 보는 요리라고 할 만큼 외적인 아름다움을 중요시하므로 조리인의 개성과 기술, 담는 방법도 까다롭다.

일본은 바다로 둘러싸여 있는 지리적 특성상 어패류가 풍부하고 기후와 지형의 변화가 많아 사계절에 생산되는 재료의 종류가 많다. 생선, 채소 등 날것으로 조리하는 요리가 많으므로 위생에 각별히 신경써야 한다. 계절에 따라 맛이 다르고 재료의 본맛을 살려서 조리하기 때문에 자극적인 향신료나 조미료를 많이 사용하지 않으므로 담백하고 개운하다.

우리나라와 마찬가지로 밥이 주식이기 때문에 조림, 찌개 등이 발달되어 있다.

② 일본요리의 종류

1 지역에 따른 분류

① 관동요리

에도막부가 생긴 뒤의 무가요리이다. 일찍부터 설탕을 손에 넣을 수 있었으므로 설탕과 간장을 많이 써서 요리의 맛을 진하게 사용하는 것이 특징이다.

② 관서요리

전통적인 일본요리가 발달한 곳으로서, 교토의 담백한 채소요리와 오사카의 합리적이고 실용적인 요리가 주종을 이루고 있다.

2 상차림에 따른 분류

일본요리는 상차림에 따라 본선요리, 차회석 요리, 회석요리, 정진요리, 보차요리, 탁복요리로 분류할 수 있다.

① **본선요리**(혼젠요리, 本膳料理)

　본선요리는 가장 격식을 차린 접대 상차림이다. 상차림은 '젠'이라고 하고 손님마다 따로 차려지며 상을 놓는 위치가 정해져 있다. 상의 수는 즙과 반찬의 수에 의해서 결정되며 기본은 국1, 반찬3으로 반찬은 회(사시미), 조림, 구이이고 1즙 3채, 2즙 5채, 3즙 7채 등 여러 종류가 있다. 상의 색깔은 주로 검은색으로 5개를 차리는 것이 일반적이나 삼색의 상을 사용하기도 한다. 결혼식에는 5개의 상에 3즙 7채를 내고, 가정에서의 생일, 입학, 졸업 등의 행사는 1즙 3채나 1즙 5채 등을 준비한다.

② **차회석요리**(짜가이세키요리, 茶懷石料理)

　차를 마시기 전에 내는 간소한 손님 접대용 상으로 진한 차를 공복에 마시면 맛도 없고 위장에도 좋지 않기 때문에, 차를 맛있게 마시기 위하여 나온 것이다. 양보다 질을 중시하며, 재료 자체의 상태를 그대로 살려서 요리하고, 담는 법과 색채의 조화를 중요시하였다. 상차림은 국물과 회나 초회, 조림, 구이의 1즙 3채가 기본이고 여기에 그날의 주요리를 곁들인다. 본선 요리보다는 역사가 길고 식당이 아닌 다실에서 다도의 형식에 따라 식사를 한다.

③ **회석요리**(카이세키요리, 懷石料理)

　회석요리는 연회요리로 현재 일본 요리의 주류가 되고 있는 코스요리이며, 본선요리와 차회석 요리를 알맞게 조화시킨 것이다. 요리는 계절감 있는 메뉴를 구성하고 형식보다는 시각적으로 아름답고, 풍미가 좋으며, 맛을 중요시 한다. 상차림은 3품, 5품, 9품, 11품이 있고, 가정에서 손님을 초대할 때에는 7품으로 준비하여 전채, 맑은국, 생선회, 구이요리, 조림요리, 밥이나 면류, 후식 순으로 정중하게 대접한다. 밥과 절임 채소류는 품수에 포함시키지 않는다.

3품 상차림	밥, 채소 절임류, 국, 조림, 구이
5품 상차림	밥, 채소 절임류, 맑은국, 조림, 초회, 구이, 나물무침
7품 상차림	5품 식단 이외에 찜, 튀김과 초무침을 견상 위에 올린다. 7품 식단에서는 술이 만드시 나오므로 전채요리가 같이 나온다.
9품, 11품 상차림	7품 식단 이외에 튀김, 찜, 무침 등을 가감해서 낸다.

④ **정진요리**(쇼진요리, 精進料理)

　불교에서 금지하고 있는 식재료를 사용하지 않는 요리로, 동물성 재료나 강한 냄새가 나는 파, 마늘 등의 채소를 피하고 채소, 곡물, 두류, 버섯, 해조류 등 식물성 재료를 사용하며 자극성이 없는 조리법을 쓴다.

⑤ **보차요리**(후짜요리, 普茶料理)

　보차요리는 에도시대(1956년)에 도래한 중국식 정진요리로 탁복요리의 모체이다. 중국풍의 원형 탁자에 둘러 앉아 4인을 기본으로 한 그릇에 음식을 담고 가운데 놓고 요리를 덜어 먹는 것이 특징이다. 불교 특성상 살아있는 재료는 사용하지 않고 두부, 깨, 식물성 기름 등을 많이 사용한다.

⑥ **탁복요리**(싯포구요리, 卓袱料理)

탁복요리는 나가사키지역의 대표적인 향토 음식으로 '싯포쿠'라고도 한다.

요리방법은 전통적인 일본 요리에 포르투갈과 네덜란드 등 서양 요리와 중국 요리가 함께 혼합되어 새롭게 발전된 형태이다. 식사 방법은 후차 요리와 같이 원형 탁자에 몇 사람이 둘러 앉아 큰 그릇에 담긴 요리를 나누어 먹는 중국 형식을 따른다.

③ 일본요리의 조리법

1 구이(야키모노, やきもの)

외부의 높은 열로 재료의 표면을 굳게 만들어 영양을 유지하고 맛도 살리는 조리 방법이다. 구이의 종류로는 꼬챙이나 석쇠를 이용하여 불에 굽는 직접구이와 오븐이나 철판 등을 놓아 굽는 간접구이가 있다.

직접구이에는 시오야키(소금구이), 미소야키(된장구이), 데리야키, 시라야키 등이 있고 간접구이에는 철판구이와 은박지에 싸서 굽는 쓰쓰미야키 등이 있다.

2 튀김(아게모노, あげもの)

어패류나 채소에 튀김옷을 입혀 기름에 튀겨 재료의 맛을 그대로 느낄 수 있다. 튀김옷으로 인해 영양분과 맛의 손실을 방지하여 재료 고유의 맛과 향이 남아 풍미가 좋다.

3 국물요리(시루모노, しるもの)

국물이 맑은 요리를 의미한다. 요리를 돋보이고 맛있게 하여 식욕을 증진시키는 역할을 한다. 일본요리의 식단표에 빼놓을 수 없는 요리이기도 하다.

4 날것 요리(나마모노, なまもの)

어패류를 날것으로 먹는 방법이다. 재료 그대로의 맛과 감촉을 느낄 수 있으나 식중독의 우려가 있기 때문에 신선한 것으로 선택하고 만드는 과정에서 청결에 주의한다.

5 무침(아에모노, あえもの)

어패류, 육류, 채소류 등의 재료에 각종 양념을 무친 요리이다. 양념과 재료의 색과 맛이 어울리도록 만든다. 재료에 따라 반찬이나 술안주에 사용되기도 하고 전채요리가 되기도 한다.

6 **찜**(무시모노, むしもの)

재료의 냄새와 맛의 손실이 적고 부드럽고 담백한 맛을 살릴 수 있는 조리법이다. 향이 약하고 부드러운 맛이 나는 재료를 주로 이용하며, 강한 맛의 재료는 이용하지 않는다.

7 **조림**(니모노, にもの)

양념을 다양하게 한 국물에 어패류, 육류, 야채 등을 넣고 졸여 재료에 맛이 스며들게 조리한다. 재료의 모양이 손상되기 쉽고 재료의 영양분이 빠져나가기 쉽기 때문에 조리의 기술에 따라 모양, 맛, 색깔, 윤기 등이 차이가 난다. 그러므로 조리사의 숙련된 솜씨가 필요한 요리이다.

8 **후 식**

후식으로 팥죽이나 과일, 생과자를 먹고 차를 마신다.

 **조리도의 종류**

1 **회 칼**

칼끝이 뾰족하고 칼날이 가늘어 생선을 손질하거나 재료를 얇게 썰기 좋다. 칼날의 길이는 27~30cm가 적당하고 '회뜨기용 칼' 또는 '슬라이스 칼'이라 부르기도 한다. 일반 칼보다 길고 뾰족하기 때문에 다치기 쉬우므로 조심해서 다뤄야 한다.

2 **데바칼**

날이 두껍고 폭이 넓으며 끝이 뾰족한 식칼이다. 칼등이 두껍고 무거운 편이라 생선을 포를 뜨거나 생선의 굵은 뼈를 자를 때 이용한다. 재료에 따라 칼의 크기도 다르게 사용한다.

3 **장어칼**

매끄러워 잘 미끄러지는 생선(붕장어, 뱀장어 등)을 손질할 때 사용된다.

4 **야채칼**

야채를 얇게 돌려 깎을 때 주로 사용한다. 사용자의 몸 바깥쪽으로 밀어서 자르고, 칼날이 얇기 때문에 단단한 것에는 사용하지 않는다. 관서식 칼은 칼끝이 동그스름하고 관동식 야채칼은 칼끝에 각이 있다.

5 **복사시미칼**

복어 회를 뜨기 위한 칼이다. 얇게 저며서 떠야하기 때문에 일반 회칼보다 칼의 날 부분이 더 얇고 폭도 좁다.

5 일본음식의 재료

일본음식의 재료들은 주로 자연의 것을 그대로 사용하고, 최소한의 조미료를 사용하여 담백한 맛을 즐긴다. 필요에 따라 향신료를 첨가하여 음식의 맛과 멋을 내기도 한다.

1 생선류 & 해산물

① **도미**(다이, たい)

도미는 모양도 아름답고 맛이 좋아 고급 생선에 속한다. 지방 함유량이 적어 맛이 담백하며 소화도 잘된다. 살과 뼈의 분리가 쉬우나 뼈가 굵고 단단하여 가시에 찔릴 위험이 있으며 먹을 때 잔가시를 조심해야 한다.

② **광어**(히라메, ひらめ)

광어는 전체적으로 표면이 매끄럽고 살이 투명하며 껍질 색은 검고 배는 붉은빛이 도는 흰색이면 신선한 것이다. 주로 사시미, 곤부지메, 야키모노로 사용한다. 광어 지느러미살은 '엔가와'라고 하며 맛이 좋을 뿐만 아니라 콜라겐이 풍부하다.

③ **삼치**(사와라, さわら)

늦가을에서 이른 봄 산란기에 맛이 좋은 고급생선에 속한다. 살이 연하고 지방질이 많아 소금구이, 찜, 튀김 등으로 조리한다.

④ **참치**(마구로, マグロの)

참치는 여러 종류가 있으며, 모든 참치류의 총칭으로 불리며 다랑어류 6종, 새치류 5종으로 분류한다. 지방이 적고 육질이 치밀하며 일본인에게 있어 사시미와 스시의 왕으로 인식되고 있는 가운데 생식하는 것이 별미이다.

⑤ **학꽁치**(사요리, さより)

학처럼 입이 길다고 학꽁치라 불리며 겨울에서 봄까지가 제철로 담백하며 독특한 맛이 있어 초밥재료로도 잘 어울린다. 또한 고단백 저칼로리 생선이다.

⑥ **복어**(후구, ふぐ)

복어는 신선하고 담백한 맛 때문에 사람들이 즐기는 겨울철 최고급 흰살 생선이다. 종류는 많지만 그 중 몇종류가 출하되고 있으며 겨울이 제철이다. 복어 껍질로 만든 초회와 사시미,

튀김, 구이 등 다양한 요리가 있다.

⑦ **민물장어**(우나기, うなぎ)

　뱀장어는 사는 곳에 따라 몸색이 변하며 산란기와 유어기는 깊은 바다에서 지낸 후 고향인 육지의 하천으로 돌아와 10년 정도 성장한 다음 산란기가 되면 다시 바다로 돌아간다. 생김새가 뱀과 비슷하다고 하여 뱀장어로 불리며 일반생선의 150배나 많은 비타민 A를 함유하고 있다. 여름이 제철이나 양식이 많아 연중 출하된다.

⑧ **바닷장어**(아나고, アナゴ)

　아나고라고 한다. 몸길이가 길고 양쪽 옆에 흰점이 일정하게 박혀 있으며 여름이 제철로 초밥, 구이, 찜, 튀김 등 다양하게 이용된다.

⑨ **갑오징어**(이까, いか)

　오징어는 우리나라 사람들에게 친숙한 연체동물이다. 갑오징어의 몸통에는 단단한 뼈가 들어 있으며 살이 두껍고 단단하여 사시미, 스시, 초회 등 여러 요리에 많이 사용되고 있다. 오징어의 먹물에는 뮤코다당류 등 세포를 활성화 하는 물질이 들어 있어 항암작용에 효과적이다.

⑩ **문어**(타코, たこ)

　문어는 연체동물 중에서 타우린 함량이 가장 많이 포함되어 있으며 고단백 저지방 식품으로 인체의 혈액순환을 도와주며 시력 회복에 좋다. 연중 사용되고 있으나 겨울에서 봄이 제철이다. 손질 후 전체에 소금을 많이 뿌린 다음 문질러 점액을 제거한 후 삶아서 사용하며 스시, 스노모노, 니모노 등에 많이 사용된다.

⑪ **해삼**(나마코, なまこ)

　성게와 같은 바늘껍질동물로 입에 많은 촉수를 가지고 있다. 체색은 사는 곳에 따라 변하고 암조에 사는 것은 홍해삼이라고 불리며 모래땅에서 사는 것을 청해삼이라 한다. 겨울에서 봄까지가 제철이며 초회에 많이 사용되고 내장은 '고노와다'라고 하여 아주 별미이다.

⑫ **새우**(에비, えび)

　새우의 종류는 세계에 3,000여종 가까이 알려져 있으며 고단백 저지방의 해산물로서 누구나 좋아하는 식품이다. 자연산과 양식으로 분류하는데, 양식의 비중이 높아져 연중 사용되며 자연산과 별 차이가 없다.

2 채소류

① **무순**(가이와리, かいわり)

　떡잎채소로 검거나 노란잎이 없고 물기가 없는 것이 좋다. 샐러드 초회 및 생선회 곁들임에 사용한다.

② **시소**(シソ)

잎과 익지 않은 열매 이삭을 사용하며 크기가 일정하고 색이 선명한 것이 상품이며 사시미의 곁들임에 사용한다.

③ **오이**(규리, きゅうり)

껍질이 얇고 질감이 좋으며 가늘고 길이는 20cm 정도가 좋으며 여름철이 제철로 샐러드 및 생채소, 롤의 재료로 많이 사용된다.

④ **당근**(닌징, にんじん)

당나라에서 처음 들어와 붙여진 이름으로 비타민 A의 공급원이다. 비타민 A는 물에 녹지 않으며 가열해도 분해되지 않아 익혀 먹는 것이 좋다.

⑤ **무**(다이콩, だいこん)

계절에 관계없이 사용 용도가 넓은 채소이다. 비타민 C가 많아 기침 등에 효과가 있으며 무 껍질에는 2배의 비타민C가 함유되어 있다. 무를 갈아 생선회와 곁들여 먹거나 튀김류의 소스로 많이 사용되며 소화작용에 도움이 된다.

⑥ **쑥갓**(슌 기꾸, しゅんぎく)

유럽이 원산지이며 독특한 향과 색상을 살릴 수 있어 냄비요리와 샐러드 등에 사용된다.

⑦ **미나리**(세리, せり)

독특한 향과 맛은 입맛을 돋우어 줄 뿐 아니라 정신을 맑게 하며 혈액을 정화한다. 습기 있는 땅에서 자라는 다년생으로 복요리 및 각종 냄비요리에 사용한다.

⑧ **우엉**(고보, ごぼう)

모양이 일직선이고 상처가 없는 것이 상품이며 씻어 자를 때 곧바로 물에 헹군 다음 사용하며 전골 냄비와 조림 등에 사용된다.

⑨ **표고버섯**(시이타케, しいたけ)

광엽수목 내의 고목에 봄과 가을 2회 자생하지만 재배물은 연중 출하된다. 용도에 따라 생표고버섯과 말린 표고버섯으로 나누며 주로 생표고버섯을 많이 사용한다. 냄비요리, 구이의 아시라이 등 다양한 용도로 사용된다.

⑩ **생강대**(신도키쇼가)

매운맛이 강하며 단식초물에 넣어 야키모노에 곁들임 재료로 사용한다.

⑪ **산마**(야마이모, やまいも)

조림, 구이 등으로 조리하거나 갈아서 즙으로 이용하기도 한다. 점성이 풍부하며 굵고 큰 것이 좋다.

3 건어물

① 다시마(곤부, こんぶ)

다시마는 녹갈색을 띠며 표면에 흰분말이 묻어 있는 것이 좋다. 다시마에 묻어 있는 흰 분말은 씻지 않는 것이 좋은데, 이는 글루타민산, 아미노산의 결정체이기 때문이다. 다시마는 품종에 따라 여러 종류가 있으며 다시국물의 재료로 많이 사용된다.

② 가다랑어포(가쓰오부시, かつおぶ)

가쓰오부시는 가다랑어를 잘 건조하여 대패로 깎은 것이다. 가다랑어를 손질하여 고온에서 찌거나 삶은 후 푸른 곰팡이가 생기도록 햇볕에 말리는 과정을 7~8회 반복하여 만든 것으로 가다랑어의 단백질이 분해되어 이노신산이라는 가다랑어 특유의 감칠맛이 생긴다. 가다랑어포는 밀폐된 용기에 보관하였다가 사용할 때마다 즉석에서 대패로 깎아 사용한다.

4 조미료

① 간장(쇼유, しょゆ)

간장은 음식의 간을 맞추는 기본양념으로 대두와 밀을 발효시킨 후 소금을 첨가하여 숙성시켜 만든다. 일본 간장의 종류에는 아주 진한간장(타마리 쇼유), 진한간장(고이쿠찌 쇼유), 연한간장(우수쿠찌 쇼유), 맑은간장(시로 쇼유) 등이 있다. 진한간장은 향기가 강해 육류, 생선 등의 비린내를 제거하는 효과가 있으며 조림이나 무침 등에 사용한다. 연한간장은 진한 간장보다 염분 함량은 많고 색이나 향은 엷게 억제한 간장으로 가벼운 조림이나 맑은 국에 사용하며, 맑은 간장은 다시물과 찜요리 등의 색을 맑게 조리할 때 사용한다.

② 된장(미소, みそ)

된장은 콩에 누룩과 소금을 섞어 발효시켜 만든 것으로 섞는 누룩의 종류에 따라 쌀된장, 보리된장, 콩된장으로 나누고 색에 따라 적된장(아카미소), 흰 된장(시로미소)으로 나눈다. 적 된장은 담백한 맛이 좋고, 흰 된장은 단맛과 순한 맛이 좋다.

③ 식초(스, す)

식초는 만드는 방법에 따라 양조 식초와 합성 식초로 나눈다. 양조식초는 곡물이나 과일 등을 초산균으로 발효시킨 것으로 향이 좋고 맛이 산뜻하다. 대표적인 양조식초에는 현미식초, 쌀식초, 과실식초 등이 있다. 합성 식초는 물로 희석한 빙초산에 여러 가지 식품 첨가물을 넣어 혼합하여 만든 것으로 코끝이 찡할 정도로 냄새가 강하고 신맛이 강해 혀를 자극한다.

④ **소금**(시오, しお)

　　소금은 간을 맞추는 가장 기본적인 조미료이며 어패류와 육류, 채소류의 전처리에도 사용한다. 소금의 짠맛은 뜨거울 때 보다 차가울 때 더 잘느껴지므로 뜨거운 상태의 음식을 간할 때에는 주의하여야 한다.

⑤ **설탕**(사토우, さとう)

　　설탕은 단맛을 낼 뿐만 아니라 보수성이 있어 음식이 건조되는 것을 막고 보존성을 높여준다. 흰설탕은 정제도가 높고 냄새가 없으며 물에 잘 녹아 대부분의 요리에 사용하며 흑설탕은 단맛이 강하고 향기가 있어 조림이나 찜요리에 이용한다.

⑥ **맛술**(미림, みりん)

　　흔히 미림이라고 하는 맛술은 찹쌀을 찐 후 쌀로 만든 누룩을 섞어 넣고 소주를 천천히 당화 숙성시켜 만든 것이다. 맛술의 알코올 농도는 14%이며 다량의 당분과 유리 아미노산, 유기산 등이 함유되어 있어 요리에 단맛과 함께 독특한 맛을 낸다.

⑦ **청주**(세이슈, せいしゅ)

　　요리에 사용되는 주류는 양조류, 증류주, 혼성주로 구분된다. 감칠맛과 풍미를 증가시켜 주며 비린내를 제거하는 역할을 한다.

5 향신료

① **고추냉이**(와사비, わさび)

　　고추냉이는 일본의 특산물로써 깊은 산간 지방에서만 재배된다. 톡 쏘는 매운맛이 특징이며 단맛이 살짝 나면서 향기가 어우러지는 것이 좋다. 고추냉이 뿌리에 매운맛이 강하며 줄기와 잎도 매운맛이 있어 사용된다. 사용할 만큼만 빨리 갈아서 사용하는 것이 좋다.

② **산초**(산쇼, さんよう)

　　산초는 어린잎과 꽃, 열매를 모두 향신료로 사용한다. 산초의 어린잎은 '키노메'라고 하고 산초의 꽃은 하나산쇼라고 하며 텐모리나 맑은 국, 조림, 무침 등에 사용한다. 산초 열매도 특유의 매운맛과 쓴맛이 있다. 덜 익은 푸른 열매는 삶아서 거품을 빼고 나서 조림이나 초절임 등에 사용하고 잘 익은 열매는 씨를 제거하고 껍질을 가루로 만들어 시치미토우가라시에 섞어 쓰기도 한다.

③ **유자**(유즈, ゆず)

　　유자는 과실이나 꽃봉오리를 향신료로 사용한다. 6월 말경이 되면 녹색의 작은 유자열매가 생기는데 이를 반달썰기 하여 초여름 맑은 국에 넣어 향을 낸다. 11월경 유자가 노랗게 익으면 껍질을 얇게 벗겨 채 썰어 텐모리나 맑은국에 향으로 사용하며 과즙을 짜서 식초로 사용하기도 하고 냄비요리, 초회 등에 사용한다. 꽃봉오리는 하나유즈라고 하며 국물 요리의 향을 내는데 사용한다.

④ **생강**(쇼가, しょうが)

　생강은 강한 향기와 매운맛이 있어 식용, 약용, 향신료로 폭넓게 이용한다. 일반적으로 사용하는 뿌리 생강은 고기나 생선의 비린내를 제거하는 야꾸미나 베니쇼가 등의 절임용으로 많이 사용하며 채썬 바늘 생강은 초회나 무침류의 텐모리로 사용한다.

⑤ **초귤**(스다찌, すだち)

　유자보다 작은 밀감과의 하나로 우리나라에서도 영귤이라는 이름으로 생산되고 있다. 초귤은 완전히 익이면 향이 소실되므로 완전히 익기 전에 미숙과인 청과 상태로 수확하여 사용한다. 과육은 갈아서 양념을 만들 때 넣고 과즙은 생선회, 냄비요리 등에 짜서 사용한다.

⑥ **양하**(묘가, みょうが)

　생강과에 속하는 식물로서 여름에 뿌리줄기에서 꽃의 싹이 나오는데 이것을 하나묘가라고 한다. 향기가 풍부하고 독특하여 야꾸미, 절임, 초회, 튀김 등에 사용한다. 얇게 썰어 다져서 소바나 소면 맑은국 등의 양념으로 곁들인다.

⑦ **겨자**(카라시, からし)

　겨자는 겨자채의 종자를 분말로 한 것이고, 떫은 맛이 강하기 때문에 없애야 하는 결점이 있다. 분말은 냉수보다 40℃ 정도의 미지근한 물로 개는 것이 좋다. 겨자는 강하여 향신료로 많이 사용되어 왔다.

⑧ **후추**(コショウ)

　후추는 검은 후추와 흰 후추로 나누어져 있으며, 미숙한 것을 건조시킨 것이 검은 후추이고, 완숙한 것을 건조시켜 말린 것이 흰 후추이다. 검은 후추가 매운 맛이 강하며 가루보다 통후추가 매운 향이 강하다. 부패방지 작용을 하며 여러 요리에 사용한다.

일식조리 기초과정

 **도미 손질**

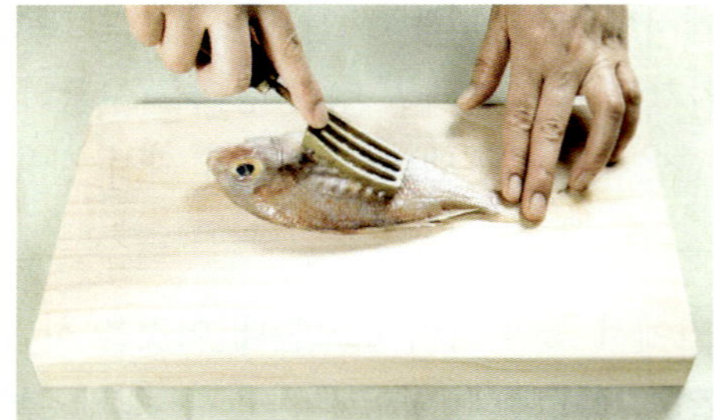

① 도미 꼬리에서 머리방향으로 비늘긁기

② 아가미에 칼집넣기

③ 배에 칼집넣기

④ 내장 제거하기

⑤ 물에 씻어 물기 제거하기

⑥ 머리, 몸통, 꼬리로 자르기

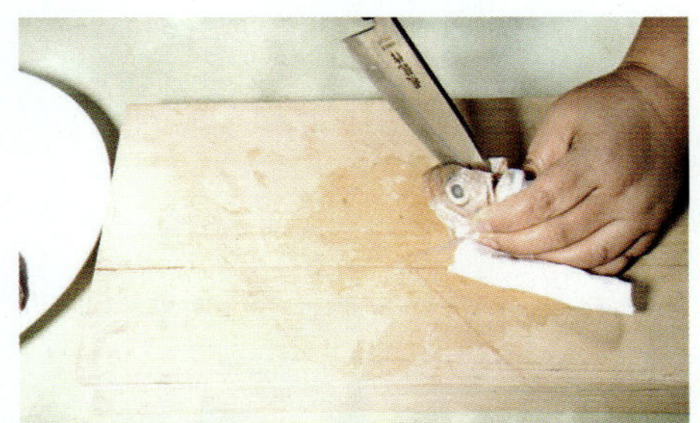

⑦ 머리반으로 자르기

⑧ 꼬리 손질하기

⑨ 꼬리 칼집넣기

⑩ 완성

② 야채손질

■ 당근 – 나비 만들기

① 기초 모양 다듬기

② 나비 날개 만들기

③ 가운데가 끊어지지 않게 자르기

④ 같은 두께가 되게 썰기

⑤ 더듬이 만들기

⑥ 더듬이와 몸통아래 칼집내기

⑦ 모양잡기

⑧ 완성

2 당근 – 매화꽃 만들기

① 오각형으로 다듬기

② 모서리 중간에 0.5cm 깊이로 칼집넣기

③ 칼집사이로 꽃잎을 둥글게 다듬기

④ 꽃잎사이에 사선으로 칼집넣기

⑤ 꽃잎 경사지게 깎아 입체감 주기

⑥ 완성

③ 무 갱

① 무 돌려깍기

② 채썰기

④ 무 – 은행잎 만들기

① 무 칼집넣기

② 다듬기

③ 모양내기

④ 크기에 맞게 썰기

⑤ 완성

⑤ 오이 – 자바라

① 오이자바라 칼집넣기 1

② 오이자바라 칼집넣기 2

③ 오이자바라 소금물에 절이기

④ 오이자바라

⑤ 한입 크기로 썰기

⑥ 비틀어 모양잡기

⑦ 완성

6 오이 – 왕관

① 오이 칼집넣기

② 5번 칼집에서 자르기

③ 2번째 4번째 오이 가운데로 끼우기

④ 완성

7 야꾸미와 폰즈소스

① 무 강판에 갈기

② 무 물에 헹궈 수분제거하기

③ 고춧가루로 색내기

④ 레몬 다듬기

⑤ 실파썰기

⑥ 그릇에 담기

⑦ 폰즈소스 만들기

⑧ 완성

 시험시간 **30분**

삼치 소금구이

사와라노 시오야끼

재 료

삼치(400~450g정도) 1/2마리
깻잎 1장
무 50g
식용유 10ml
건다시마(5×10cm) 1장
백설탕 30g
흰참깨(볶은 것) 2g
맛술(미림) 10ml

레몬 1/4개
소금(정제염) 30g
우엉 60g
식초 30ml
진간장 30ml
청주 15ml
쇠꼬챙이(30cm 정도) 3개

요구사항

※ 주어진 재료를 사용하여 다음과 같이 삼치구이를 만드시오.
1. 삼치는 세장 뜨기한 후 소금을 뿌려 10~20분 후 씻고 꼬챙이에 끼워 구이 하시오.
   ※석쇠를 사용할 경우 감점
2. 채소는 각각 초담금 및 조림을 하시오.
3. 구이 그릇에 삼치소금구이와 곁들임을 담아 완성하시오.
4. 길이 10cm로 2조각을 제출하시오.

수험자 유의사항

1) 만드는 순서에 유의하며, 위생과 숙련된 기능평가를 위하여 조리작업 시 맛을 보지 않습니다.
2) 지정된 수험자지참준비물 이외의 조리기구나 재료를 시험장내에 지참할 수 없습니다.
3) 지급재료는 시험 전 확인하여 이상이 있을 경우 시험위원으로부터 조치를 받고 시험 중에는 재료의 교환 및 추가지급은 하지 않습니다.
4) 요구사항의 규격은 "정도"의 의미를 포함하며, 지급된 재료의 크기에 따라 가감하여 채점합니다.
5) 위생상태 및 안전관리 사항을 준수합니다.
6) 다음 사항에 대해서는 채점대상에서 제외하니 특히 유의하시기 바랍니다.
   가) 기권–수험자 본인이 시험 도중 시험에 대한 포기 의사를 표현하는 경우
   나) 실격–(1) 가스레인지 화구 2개 이상(2개 포함) 사용한 경우
         (2) 불을 사용하여 만든 조리작품이 작품특성에 벗어나는 정도로 타거나 익지 않은 경우
         (3) 시험 중 시설·장비(칼, 가스레인지 등) 사용 시 감독위원 및 타수험자의 시험 진행에 위협이 될 것으로 감독위원 전원이 합의하여 판단한 경우
   다) 미완성–(1) 시험시간 내에 과제 두 가지를 제출하지 못한 경우
         (2) 문제의 요구사항대로 과제의 수량이 만들어지지 않은 경우
   라) 오작–(1) 구이를 찜으로 조리하는 등과 같이 조리방법을 다르게 한 경우
         (2) 해당과제의 지급재료 이외의 재료를 사용하거나 석쇠 등 요구사항의 조리도구를 사용하지 않은 경우
   마) 요구사항에 표시된 실격, 미완성, 오작에 해당하는 경우
7) 항목별 배점은 위생상태 및 안전관리 5점, 조리기술 30점, 작품의 평가 15점입니다.

① 다시마 다시 끓이기

② 우엉 식촛물에 담그기

③ 무꽃 모양 다듬기

④ 무꽃 칼집넣어 절이기

⑤ 무꽃 담금초에 담그기

⑥ 레몬 썰기

⑦ 삼치 3장 뜨기

⑧ 껍질에 칼집 넣기

⑨ 소금 뿌리기

⑩ 우엉 양념하기

⑪ 갈색 나도록 조리기

⑫ 삼치굽기

⑬ 그릇에 담아 완성하기

 ## 만드는 법

1 다시마는 젖은 면포로 잘 닦아 물과 함께 냄비에 넣고 끓어오르면 다시마를 건져 다시마다시를 준비한다.

2 깻잎은 찬물에 담가 준비하고 우엉은 껍질을 벗겨 식초물에 담가둔다. 레몬은 자르고 껍질 일부는 다져 무 국화꽃에 뿌리도록 준비한다.

3 무는 지름 2cm×높이 2cm로 다듬어 아래 부분이 약간 붙어 있도록 가로세로로 잔칼집을 넣어 소금물에 절였다 단촛물(식초 2TS＋물 2TS＋설탕 2TS＋소금 1ts)에 재워놓는다.

4 삼치는 머리와 내장을 제거하고 깨끗이 씻어 물기를 제거하여 3장 뜨기하여 뼈와 가시를 제거하고 껍질에 칼집 넣어 소금을 뿌려놓는다.

5 우엉은 4cm 길이에 나무젓가락 굵기로 잘라 팬에 식용유를 넣고 볶다가 다시물 1/2C, 청주 1TS, 설탕 1TS, 간장 1TS, 맛술 1TS을 넣어 윤기나게 조린 후 흰 참깨를 묻혀둔다.

6 삼치는 물에 씻어 물기를 닦고 껍질에 윗 소금을 살짝 뿌려 쇠꼬챙이에 식용유를 바른 다음 꽂아 직화에 노릇하게 굽는다.

7 접시에 물기를 제거한 깻잎을 깔고 삼치를 담은 후 우엉, 무, 레몬 곁들여 담아 완성한다.

✏ POINT

❖ 우엉 끝에 깨 묻히기, 레몬껍질 일부 벗겨 다져 무 국화꽃 위에 뿌려 사용

❖ 지급되는 나무 꼬챙이는 사용하지 않아도 상관 없음. 구이용으로 지급되고 있으나, 길이가 짧고 타서 반듯이 쇠꼬챙이로 구울 것!(쇠꼬챙이 길이는 28cm 이상)

 시험시간 **40분**

생선초밥

니기리 스시

재 료

붉은참치살(아카미) 30g
광어살(3×8cm 이상, 껍질 있는 것) 50g
새우 30~40g
학꽁치(꽁치, 전어로 대체 가능) 1/2마리
문어(삶은 것) 50g
청차조기잎(시소, 깻잎으로 대체 가능) 1장
밥(뜨거운 밥) 200g
식초 70ml
소금(정제염) 20g
초밥초(스시스) : 식초 3T, 설탕 2T, 소금 1t

대꼬챙이 1개(10~15cm)
도미살 30g
통생강 30g
고추냉이(와사비분) 20g
백설탕 50g
진간장 20ml

요구사항

※ 주어진 재료를 사용하여 다음과 같이 생선초밥을 만드시오.
1. 각 생선류와 채소를 초밥용으로 손질하시오.
2. 초밥초(스시스)를 만들어 밥에 간하여 식히시오.
3. 곁들일 초생강을 만드시오.
4. 쥔초밥(니기리스시)을 만드시오.
5. 생선초밥은 8개를 만들어 제출하시오.
6. 간장을 내시오.

수험자 유의사항

1) 만드는 순서에 유의하며, 위생과 숙련된 기능평가를 위하여 조리작업 시 맛을 보지 않습니다.
2) 지정된 수험자지참준비물 이외의 조리기구나 재료를 시험장내에 지참할 수 없습니다.
3) 지급재료는 시험 전 확인하여 이상이 있을 경우 시험위원으로부터 조치를 받고 시험 중에는 재료의 교환 및 추가지급은 하지 않습니다.
4) 요구사항의 규격은 "정도"의 의미를 포함하며, 지급된 재료의 크기에 따라 가감하여 채점합니다.
5) 위생상태 및 안전관리 사항을 준수합니다.
6) 다음 사항에 대해서는 채점대상에서 제외하니 특히 유의하시기 바랍니다.
   가) 기권−수험자 본인이 시험 도중 시험에 대한 포기 의사를 표현하는 경우
   나) 실격−(1) 가스레인지 화구 2개 이상(2개 포함) 사용한 경우
          (2) 불을 사용하여 만든 조리작품이 작품특성에 벗어나는 정도로 타거나 익지 않은 경우
          (3) 시험 중 시설·장비(칼, 가스레인지 등) 사용 시 감독위원 및 타수험자의 시험 진행에 위협이 될 것으로 감독위원 전원이 합의하여 판단한 경우
   다) 미완성−(1) 시험시간 내에 과제 두 가지를 제출하지 못한 경우
          (2) 문제의 요구사항대로 과제의 수량이 만들어지지 않은 경우
   라) 오작−(1) 구이를 찜으로 조리하는 등과 같이 조리방법을 다르게 한 경우
          (2) 해당과제의 지급재료 이외의 재료를 사용하거나 석쇠 등 요구사항의 조리도구를 사용하지 않은 경우
   마) 요구사항에 표시된 실격, 미완성, 오작에 해당하는 경우
7) 항목별 배점은 위생상태 및 안전관리 5점, 조리기술 30점, 작품의 평가 15점입니다.

① 초밥초 끓이기

② 밥에 초밥초 넣어섞기

③ 광어살 손질

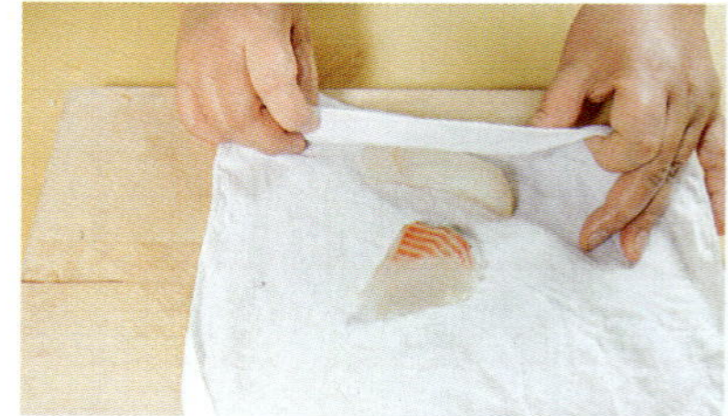

④ 생선살 수분제거

⑤ 생강 데치기

⑥ 생강 초밥초에 절이기

⑦ 새우꼬지 끼워 삶기

⑧ 문어 양념하여 삶기

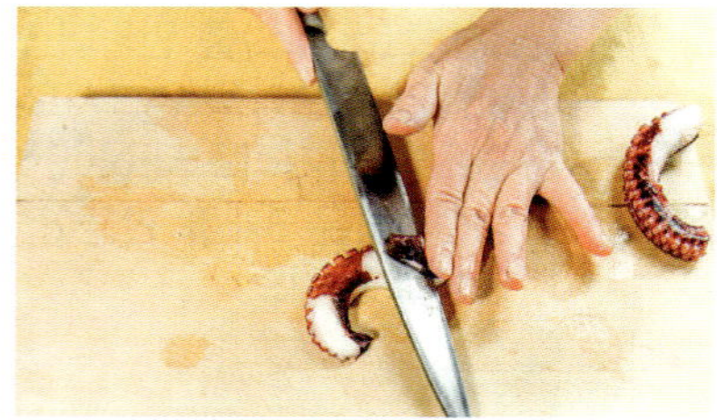

⑨ 문어 물결무늬 포뜨기

⑩ 생선살 포뜨기

⑪ 학꽁치 손질하기

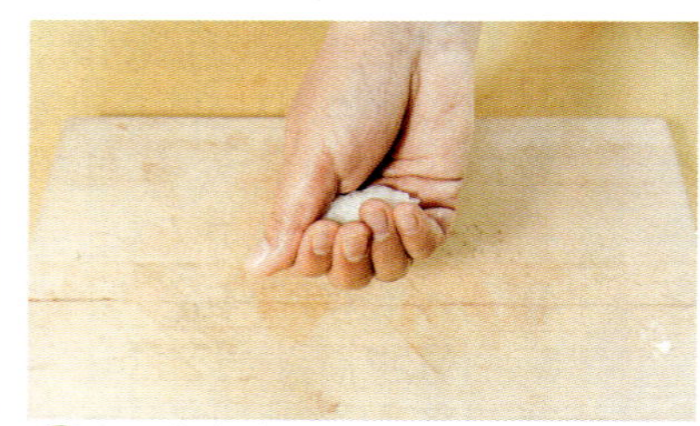

⑫ 초밥쥐기

⑬ 생선살에 와사비 바르기

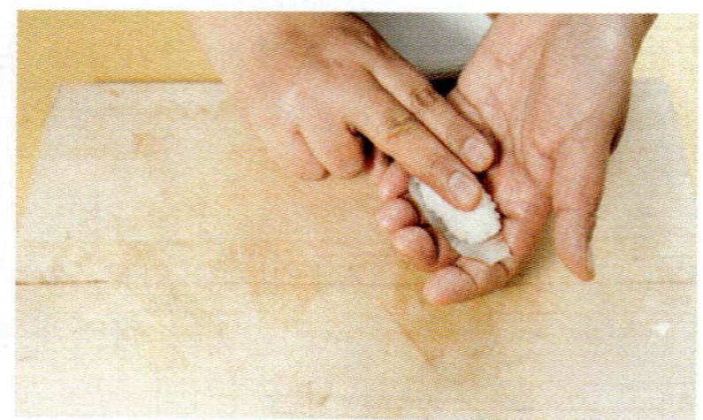

⑭ 초밥 모양잡기

⑮ 접시에 담아 완성하기

 만드는 법

1 청차조기잎은 찬물에 담가 준비한다.

2 냄비에 식초 3T, 설탕 2T, 소금 1t을 넣어 살짝 끓여 초밥초(스시스)를 만든다.

3 밥이 뜨거울 때 초밥초 2T을 넣어 부채질하면서 나무주걱을 세워 골고루 섞은 후 젖은 면포로 덮어 놓는다.

4 참치는 소금물에 담가 해동 후 건져서 면포로 감싸둔다.

5 광어는 껍질을 제거하고 도미살과 함께 면포에 감싸둔다.

6 통생강은 얇게 편 썰어 끓는 물에 데쳐 물에 헹궈 남은 초밥초에 담가 초생강을 만든다.

7 차새우는 요지를 이용하여 내장을 제거한 후 다리쪽에 꼬지를 넣어 구부러지지 않게 하여 끓는 소금물에 삶아 식힌 후 꼬리만 남기고 껍질을 벗기고 배쪽에 칼집을 넣어 등이 붙어있게 양쪽으로 펼쳐 준비한다.

8 와사비는 찬물에 부드럽게 갠다.

9 문어는 물에 소금, 간장, 식초 넣고 삶아 밑부분 껍질 제거 후 물결무늬를 내어 포를 뜬다.

10 참치살은 5mm 두께, 결 반대 7×3cm로 비스듬히 포를 뜬다.

11 광어살과 도미살은 3mm 두께, 7×3cm 크기로 포를 뜬다.

12 학꽁치 살은 7cm 길이가 되도록 포를 뜬 후 잔가시를 제거하고 껍질을 벗긴 후 잔 칼집을 넣는다.

13 손에 식초물을 묻히고 오른손으로 초밥을 가볍게 쥐고 왼손에 생선살을 놓은 후 와사비를 생선살 안쪽에 바른 다음, 그 위에 초밥을 놓고 모양을 잡는다.(여유있는 생선은 추가하여 8개 수량 맞출 것!)

14 접시에 초밥을 4개씩 2줄로 담고, 접시 오른쪽에 청차조기잎을 깐 후 초생강을 놓고 진간장을 곁들여낸다.

POINT

❖ 새우는 꼬지에 끼워 데친다.

❖ 초밥이 깨지거나 흐트러지지 않도록 주의한다.

❖ 문어는 간장, 식초 넣고 삶아 껍질 제거 후 물결무늬로 손질하여 사용한다.

 시험시간 **30분**

• 일식 실기 •

도미조림

타이노 아라타끼

재 료

도미(200~250g) 1마리
우엉 40g
건다시마(5×10cm) 1장
청주 50ml
소금(정제염) 5g

통생강 30g
꽈리고추(2개정도) 30g
설탕 60g
진간장 90ml
맛술(미림) 50ml

요구사항

※ 주어진 재료를 사용하여 다음과 같이 도미조림을 만드시오.
1. 손질한 도미를 5~6cm로 자르고 머리는 반으로 갈라 소금을 뿌리시오.
2. 머리와 꼬리는 데친 후 불순물을 제거하시오.
3. 냄비에 앉혀 양념하여 조리하시오.
4. 완성 후 접시에 담고 생강채(하리쇼가)와 채소를 앞쪽에 담아내시오.

수험자 유의사항

1) 만드는 순서에 유의하며, 위생과 숙련된 기능평가를 위하여 조리작업 시 맛을 보지 않습니다.
2) 지정된 수험자지참준비물 이외의 조리기구나 재료를 시험장내에 지참할 수 없습니다.
3) 지급재료는 시험 전 확인하여 이상이 있을 경우 시험위원으로부터 조치를 받고 시험 중에는 재료의 교환 및 추가지급은 하지 않습니다.
4) 요구사항의 규격은 "정도"의 의미를 포함하며, 지급된 재료의 크기에 따라 가감하여 채점합니다.
5) 위생상태 및 안전관리 사항을 준수합니다.
6) 다음 사항에 대해서는 채점대상에서 제외하니 특히 유의하시기 바랍니다.
   가) 기권−수험자 본인이 시험 도중 시험에 대한 포기 의사를 표현하는 경우
   나) 실격−(1) 가스레인지 화구 2개 이상(2개 포함) 사용한 경우
         (2) 불을 사용하여 만든 조리작품이 작품특성에 벗어나는 정도로 타거나 익지 않은 경우
         (3) 시험 중 시설·장비(칼, 가스레인지 등) 사용 시 감독위원 및 타수험자의 시험 진행에 위협이 될 것으로 감독위원 전원이 합의하여 판단한 경우
   다) 미완성−(1) 시험시간 내에 과제 두 가지를 제출하지 못한 경우
         (2) 문제의 요구사항대로 과제의 수량이 만들어지지 않은 경우
   라) 오작−(1) 구이를 찜으로 조리하는 등과 같이 조리방법을 다르게 한 경우
         (2) 해당과제의 지급재료 이외의 재료를 사용하거나 석쇠 등 요구사항의 조리도구를 사용하지 않은 경우
   마) 요구사항에 표시된 실격, 미완성, 오작에 해당하는 경우
7) 항목별 배점은 위생상태 및 안전관리 5점, 조리기술 30점, 작품의 평가 15점입니다.

① 다시마 다시 끓이기

② 도미손질

③ 도미자르기

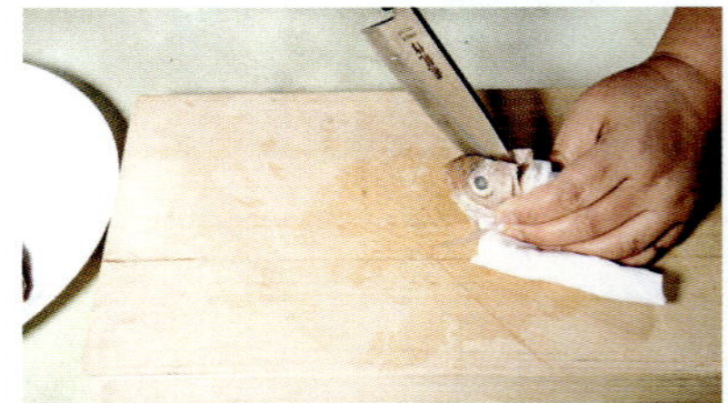

④ 머리반으로 자르기

⑤ 꼬리 손질하기

⑥ 소금 뿌리기

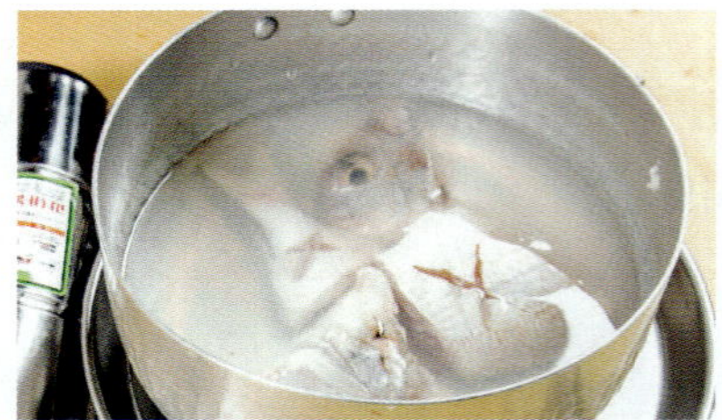

⑦ 끓는물에 데치기

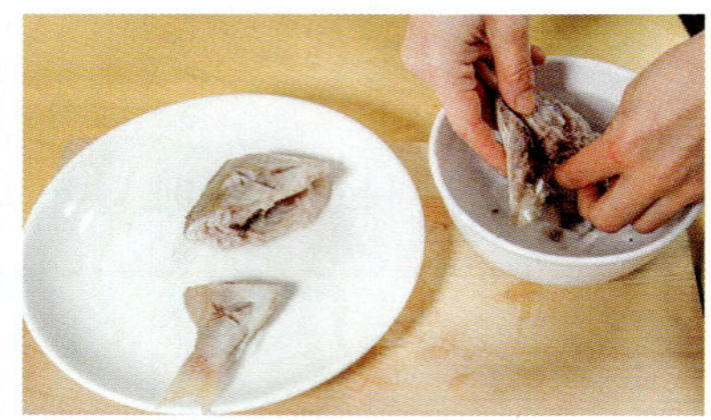

⑧ 찬물에 불순물 씻기

⑨ 우엉 손질하기

⑩ 꽈리고추 손질

⑪ 생강 채썰기

⑫ 조림장 만들기

⑬ 재료 냄비에 담기

⑭ 조림장 넣고 속뚜껑 덮어 조리기

⑮ 꽈리고추 넣기

 ## 만드는 법

1 다시마는 젖은 면포로 잘 닦아 물과 함께 냄비에 넣고 끓어오르면 다시마를 건져 다시마다시
를 준비한다.

2 도미는 비늘을 제거하고 배에 칼집을 넣어 아가미와 내장을 제거한 후 머리, 몸통, 꼬리를
5~6cm로 3등분한다.

3 머리는 반으로 가르고 꼬리는 ×자로 칼집을 넣은 후 지느러미를 V자로 모양낸다. 손질한 도
미에 소금을 골고루 뿌려 놓았다가 끓는 물에 데쳐서 불순물 한 번 더 제거한다.

4 우엉은 칼등으로 껍질을 벗긴 후 물에 담가놓는다.

5 우엉은 5cm 길이로 썰어 나무젓가락 굵기로 썰고 꽈리 고추는 꼭지를 다듬고 꼬지로 구멍을
낸다.

6 생강은 껍질을 벗겨 가늘게 채썰어 (하리쇼가) 찬물에 담근다.

7 냄비바닥에 우엉을 깔고 그위에 도미를 올린 후 청주 3T 넣고 불을 켜서 알코올을 제거한 다음
다시물 1C과 설탕 3T, 간장 3T, 맛술 3TS을 넣어 조리다가 중간에 꽈리고추를 넣어 살짝 익혀
건져 파란색이 유지되게 조린다.

8 그릇에 도미 조린 것을 담고 앞쪽에 우엉과 꽈리고추를 도미에 기대어 담고 남은 국물을 그
위에 끼얹고 생강채를 마지막으로 담아 제출한다.

POINT

❖ 조림시 처음부터 끝까지 센불에서 조려 윤기를 살려주고, 생선살이 깨지지 않게 해준다.
단, 태우지 않게 주의한다.

❖ 뚜껑은 쿠킹호일을 이용해 덮어준다.

 시험시간 **20분**

• 일식 실기 •

갑오징어 명란 무침

이까노 사쿠라아에

재 료

갑오징어몸살 70g
명란젓 40g
무순 10g
청차조기잎(시소, 깻잎으로 대체가능) 1장
청주 30ml
소금(정제염) 2g

요구사항

※ 주어진 재료를 사용하여 다음과 같이 갑오징어 명란알 무침을 만드시오.
1. 명란젓은 껍질을 제거하고 알만 사용하시오.
2. 갑오징어는 속껍질을 제거하여 사용하시오.
3. 갑오징어를 두께 0.3cm로 채썰어 청주를 섞은 물에 데쳐 사용하시오.

수험자 유의사항

1) 만드는 순서에 유의하며, 위생과 숙련된 기능평가를 위하여 조리작업 시 맛을 보지 않습니다.
2) 지정된 수험자지참준비물 이외의 조리기구나 재료를 시험장내에 지참할 수 없습니다.
3) 지급재료는 시험 전 확인하여 이상이 있을 경우 시험위원으로부터 조치를 받고 시험 중에는 재료의 교환 및 추가지급은 하지 않습니다.
4) 요구사항의 규격은 "정도"의 의미를 포함하며, 지급된 재료의 크기에 따라 가감하여 채점합니다.
5) 위생상태 및 안전관리 사항을 준수합니다.
6) 다음 사항에 대해서는 채점대상에서 제외하니 특히 유의하시기 바랍니다.
　가) 기권-수험자 본인이 시험 도중 시험에 대한 포기 의사를 표현하는 경우
　나) 실격-(1) 가스레인지 화구 2개 이상(2개 포함) 사용한 경우
　　　　　(2) 불을 사용하여 만든 조리작품이 작품특성에 벗어나는 정도로 타거나 익지 않은 경우
　　　　　(3) 시험 중 시설·장비(칼, 가스레인지 등) 사용 시 감독위원 및 타수험자의 시험 진행에 위협이 될 것으로 감독위원 전원이 합의하여 판단한 경우
　다) 미완성-(1) 시험시간 내에 과제 두 가지를 제출하지 못한 경우
　　　　　(2) 문제의 요구사항대로 과제의 수량이 만들어지지 않은 경우
　라) 오작-(1) 구이를 찜으로 조리하는 등과 같이 조리방법을 다르게 한 경우
　　　　　(2) 해당과제의 지급재료 이외의 재료를 사용하거나 석쇠 등 요구사항의 조리도구를 사용하지 않은 경우
　마) 요구사항에 표시된 실격, 미완성, 오작에 해당하는 경우
7) 항목별 배점은 위생상태 및 안전관리 5점, 조리기술 30점, 작품의 평가 15점입니다.

① 채소 물에 담그기

② 갑오징어 포뜨기

③ 채썰기

④ 명란알 손질하기

⑤ 청주 데우기

⑥ 50℃ 청주에 오징어 넣어 데치기

⑦ 체에 밭치기

⑧ 명란알 넣어 버무리기

⑨ 깻잎 손질하기

⑩ 깻잎 깔고 오징어 담기

⑪ 무순 곁들이기

 ## 만드는 법

1 무순과 청차조기잎은 찬물에 담가 준비한다.

2 갑오징어는 양쪽의 얇은 막을 깨끗이 제거하고 5cm 길이로 얇게 포떠서 0.3cm 굵기로 채썬다.

3 명란젓은 표면에 칼집을 넣어 칼등으로 살살 밀어 속의 알을 긁어낸다.

4 물 ⅓C, 청주 2T를 넣고 50℃로 데워지면 갑오징어에 부어 비린내가 제거되면 체에 밭쳐 놓는다.

5 **4**의 갑오징어 데친 것과 명란알을 넣어 젓가락으로 고루 버무린다.

6 접시에 물기를 제거한 청차조기잎을 깔고 그 위에 갑오징어 명란 무침을 소복하게 담은 후 무순의 물기를 제거하고 끝을 다듬어 한옆에 담아 제출한다.

POINT

❖ 갑오징어가 두꺼우면 4장, 얇으면 3장 포떠 사용해야 두께가 좋다. 한장씩 채썰 것!

❖ 버무릴 때 수분이 없어 명란젓이 잘 섞이지 않으면 청주를 조금씩 넣어 가며서 버무린다.

 시험시간 **25분**

대합술찜

하마구리 노사케무시

재 료

백합조개(개당 40g 정도, 5cm 내외) 2개
건다시마(5×10cm) 1장   레몬 1/4개
배추 50g   대파(흰부분 10cm) 1토막
당근 60g   무 70g
판두부 50g   생표고(1개) 20g
쑥갓 20g   죽순 20g
실파 20g   청주 50ml
소금(정제염) 5g   진간장 30ml
식초 30ml   고춧가루 2g

요구사항

※ 주어진 재료를 사용하여 다음과 같이 대합술찜을 만드시오.
1. 조개의 밑 눈을 제거하시오.
2. 청주를 섞은 다시(국물)에 쪄내시오.
3. 당근은 매화꽃, 무는 은행잎 모양으로 만들어 익혀내시오.
4. 초간장(폰즈)과 양념(야꾸미)을 만들어 내시오.

수험자 유의사항

1) 만드는 순서에 유의하며, 위생과 숙련된 기능평가를 위하여 조리작업 시 맛을 보지 않습니다.
2) 지정된 수험자지참준비물 이외의 조리기구나 재료를 시험장내에 지참할 수 없습니다.
3) 지급재료는 시험 전 확인하여 이상이 있을 경우 시험위원으로부터 조치를 받고 시험 중에는 재료의 교환 및 추가지급은 하지 않습니다.
4) 요구사항의 규격은 "정도"의 의미를 포함하며, 지급된 재료의 크기에 따라 가감하여 채점합니다.
5) 위생상태 및 안전관리 사항을 준수합니다.
6) 다음 사항에 대해서는 채점대상에서 제외하니 특히 유의하시기 바랍니다.
　가) 기권－수험자 본인이 시험 도중 시험에 대한 포기 의사를 표현하는 경우
　나) 실격－(1) 가스레인지 화구 2개 이상(2개 포함) 사용한 경우
　　　　(2) 불을 사용하여 만든 조리작품이 작품특성에 벗어나는 정도로 타거나 익지 않은 경우
　　　　(3) 시험 중 시설·장비(칼, 가스레인지 등) 사용 시 감독위원 및 타수험자의 시험 진행에 위협이 될 것으로 감독위원 전원이 합의하여 판단한 경우
　다) 미완성－(1) 시험시간 내에 과제 두 가지를 제출하지 못한 경우
　　　　　(2) 문제의 요구사항대로 과제의 수량이 만들어지지 않은 경우
　라) 오작－(1) 구이를 찜으로 조리하는 등과 같이 조리방법을 다르게 한 경우
　　　　(2) 해당과제의 지급재료 이외의 재료를 사용하거나 석쇠 등 요구사항의 조리도구를 사용하지 않은 경우
　마) 요구사항에 표시된 실격, 미완성, 오작에 해당하는 경우
7) 항목별 배점은 위생상태 및 안전관리 5점, 조리기술 30점, 작품의 평가 15점입니다.

① 조개 두드려 확인

② 조개 소금물에 해감하기

③ 다시마다시 끓이기

④ 대파 어슷썰기

⑤ 당근, 무, 배추말이 준비하기

⑥ 죽순손질

⑦ 표고손질

⑧ 재료담기

⑨ 술찜 소스 붓기

⑩ 중탕으로 찌기

⑪ 야꾸미

⑫ 소스 만들기

⑬ 쑥갓 넣기

⑭ 대합에 레몬 끼우기

⑮ 완성하여 담기

 **만드는 법**

1 백합조개는 두들겨 보아 맑은 소리를 확인한 후 소금물에 담가 해감한 다음 눈을 떼어 낸다.

2 다시마는 젖은 면포로 잘 닦아 물과 함께 냄비에 넣고 끓어오르면 다시마를 건져 다시마 다시를 준비한다.

3 대파는 가장자리를 자르고 가운데를 어슷하게 썰어 준비하고 쑥갓 잎은 찬물에 담가 두고 줄기는 끓는 물에 데친다.

4 무는 은행잎 모양으로 다듬고, 당근은 매화꽃 모양을 만들어 끓는 물에 데쳐내고 배추도 데쳐낸 후 쑥갓줄기 데친 것을 얹어 지름 2~3cm 정도의 굵기로 말아 가장자리를 잘라내고 가운데를 어슷하게 잘라 준비한다.

5 두부는 길이 4cm에 2×2cm 크기로 썰어 준비하고 죽순은 0.3cm 두께로 빗살모양을 살려 썰고, 생표고는 기둥을 떼고 위쪽에 별 모양으로 칼집을 내어 준비한다.

6 술찜 그릇 뒤쪽에 배추말이, 두부, 무를 담고 그 앞에 죽순, 대파, 표고버섯, 당근을 담고 맨 앞에 다시마를 깔고 백합조개를 놓는다.

7 다시마물 2T, 청주 2T, 소금을 고루 섞어 술찜소스 만들어 **6**의 재료에 고루 뿌린 후 김이 오른 냄비에 10분간 찐다.

8 다시물 1TS, 간장 1TS, 식초 1TS를 잘 섞어 폰즈소스를 만든다.

9 무는 강판에 갈아 물기를 짠 후 고운 고춧가루를 넣어 붉은 색을 내고, 실파는 송송 썰어 물에 헹궈 물기를 제거한다. 레몬은 얇게 두조각을 썰고 나머지도 가장자리를 다듬어 야꾸미로 사용한다.

10 쑥갓을 **7**에 넣어 2분간 더 찐 후 백합조개를 꺼내 입을 벌려 레몬을 조갯살 아래 끼워 장식한 후 야꾸미, 폰즈소스와 함께 제출한다.

✎ POINT

❖ 양념과 양념초(폰즈, 야꾸미 추가), 지급 재료가 수시로 많이 변동되므로 지급재료 꼭 확인하고 만들 것

❖ 대합은 눈을 제거하여 입이 벌어지지 않도록 한다.

• 일식 실기 •

도미술찜

다이노 사케무시

재 료

도미(200~250g) 1마리
레몬 1/4개
당근(둥근 모양으로 잘라서 지급) 60g
생표고(1개) 20g
쑥갓 20g
청주 30ml
진간장 30ml
고춧가루(고운 것) 2g

건다시마(5×10cm) 1장
배추 50g
무 50g
판두부 50g
죽순 20g
실파(1뿌리) 20g
소금(정제염) 5g
식초 30ml

요구사항

※ 주어진 재료를 사용하여 다음과 같이 도미술찜을 만드시오.
1. 머리는 반으로 자르고, 몸통은 세장뜨기 하시오.
2. 손질한 도미살을 5~6cm 정도 자르고 소금을 뿌려, 머리와 꼬리는 데친 후 불순물을 제거하시오.
3. 청주를 섞은 다시(국물)에 쪄내시오.
4. 당근은 매화꽃, 무는 은행잎 모양으로 만들어 익혀내시오.
5. 초간장(폰즈)과 양념(야꾸미)을 만들어 내시오.

수험자 유의사항

1) 만드는 순서에 유의하며, 위생과 숙련된 기능평가를 위하여 조리작업 시 맛을 보지 않습니다.
2) 지정된 수험자지참준비물 이외의 조리기구나 재료를 시험장내에 지참할 수 없습니다.
3) 지급재료는 시험 전 확인하여 이상이 있을 경우 시험위원으로부터 조치를 받고 시험 중에는 재료의 교환 및 추가지급은 하지 않습니다.
4) 요구사항의 규격은 "정도"의 의미를 포함하며, 지급된 재료의 크기에 따라 가감하여 채점합니다.
5) 위생상태 및 안전관리 사항을 준수합니다.
6) 다음 사항에 대해서는 채점대상에서 제외하니 특히 유의하시기 바랍니다.
　가) 기권－수험자 본인이 시험 도중 시험에 대한 포기 의사를 표현하는 경우
　나) 실격－(1) 가스레인지 화구 2개 이상(2개 포함) 사용한 경우
　　　　　　(2) 불을 사용하여 만든 조리작품이 작품특성에 벗어나는 정도로 타거나 익지 않은 경우
　　　　　　(3) 시험 중 시설·장비(칼, 가스레인지 등) 사용 시 감독위원 및 타수험자의 시험 진행에 위협이 될 것으로 감독위원 전원이 합의하여 판단한 경우
　다) 미완성－(1) 시험시간 내에 과제 두 가지를 제출하지 못한 경우
　　　　　　(2) 문제의 요구사항대로 과제의 수량이 만들어지지 않은 경우
　라) 오작－(1) 구이를 찜으로 조리하는 등과 같이 조리방법을 다르게 한 경우
　　　　　　(2) 해당과제의 지급재료 이외의 재료를 사용하거나 석쇠 등 요구사항의 조리도구를 사용하지 않은 경우
　마) 요구사항에 표시된 실격, 미완성, 오작에 해당하는 경우
7) 항목별 배점은 위생상태 및 안전관리 5점, 조리기술 30점, 작품의 평가 15점입니다.

① 다시마 다시 끓이기

② 손질한 도미 소금 뿌리기

③ 무-은행잎 모양

④ 당근-매화 모양

⑤ 채소 데치기

⑥ 배추말이

⑦ 대파 어슷썰기

⑧ 표고-별모양 칼집

⑨ 죽순썰기

⑩ 도미 데치기

⑪ 그릇에 담아 중탕하기

⑫ 윗면에 호일 덮어 익히기

⑬ 폰즈 만들기

⑭ 야꾸미 만들기

⑮ 마지막에 쑥갓 넣어 익혀 완성

 ## 만드는 법

1 다시마는 젖은 면포로 잘 닦아 물과 함께 냄비에 넣고 끓어오르면 다시마를 건져 다시마 다시를 준비한다.

2 도미는 비늘을 제거하고 배에 칼집을 넣어 아가미와 내장을 제거한 후 머리, 몸통, 꼬리를 5~6cm로 3등분한다.

3 머리는 반으로 가르고 몸통은 3장 뜨기하여 살만 포를 뜨고 꼬리는 ×자로 칼집을 넣은 후 지느러미를 V자로 모양낸다. 손질한 도미에 소금을 골고루 뿌려 놓았다가 채소 데쳐낸 물에 데쳐 불순물 한 번 더 제거한다.

4 쑥갓잎은 찬물에 담가 두고, 줄기는 끓는 물에 데친다.

5 무는 은행잎 모양 다듬고, 당근은 매화꽃 모양을 만들어 끓는 물에 데쳐내고 배추도 데쳐낸 후 쑥갓줄기 데친 것을 얹어 지름 2~3cm 정도의 굵기로 말아 가장자리를 잘라내고 가운데를 어슷하게 잘라 준비한다.

6 두부는 길이 4cm에 2×2cm 크기로 썰어 준비하고 죽순은 0.3cm 두께로 빗살모양을 살려 썰고, 생표고는 기둥을 떼고 위쪽에 별 모양으로 칼집을 내어 준비한다.

7 술찜 그릇 뒤쪽에 두부, 배추말이, 무, 당근을 담고 그 앞에 죽순, 표고버섯을 담고 맨 앞에 도미 손질한 것을 놓는다.

8 다시마물 2T, 청주 2T, 소금을 고루 섞어 술찜소스 만들어 **7**의 재료에 고루 뿌린 후 호일을 덮어 김이 오른 냄비에 10분간 찐다.

9 다시물 1TS, 간장 1TS, 식초 1TS를 잘 섞어 폰즈소스를 만든다.

10 무는 강판에 갈아 물기를 짠 후 고운 고춧가루를 넣어 붉은 색을 내고, 실파는 송송 썰어 물에 헹궈 물기를 제거한다. 레몬은 가장자리를 다듬어 야꾸미를 준비한다.

11 쑥갓을 **8**에 넣어 2분간 더 익혀 꺼내어 야꾸미, 폰즈소스와 함께 제출한다.

시험시간 **50분**

모둠냄비

요세나베

재 료

닭고기살 20g
새우 30~40g
찜어묵(판어묵(가마보코)) 30g
갑오징어살(오징어로 대체 가능) 50g
백합조개(개당 40g 정도, 5cm 내외, 모시조개로 대체가능) 1개
당근(둥근 모양으로 잘라서 지급) 60g
대파(흰부분, 10cm 정도) 1토막
달걀 1개
쑥갓 30g
청주 30ml
소금(정제염) 10g
이쑤시개 1개

무 60g
배추(2장 정도) 80g
생표고(20g) 1개
팽이버섯 30g

판두부 70g
흰살생선살 50g
건다시마(5×10cm) 1장
죽순 30g
진간장 10ml
가쓰오부시 20g

요구사항

※ 주어진 재료를 사용하여 다음과 같이 모둠냄비을 만드시오.
1. 재료는 규격에 알맞도록 썰고 삶거나 데쳐 내시오.
2. 다시마와 가다랑어포(가쓰오부시)로 가다랑어국물(가쓰오다시)을 만드시오.
3. 달걀은 끓는 물에 살짝 풀어 익혀 후끼요세다마고로 만드시오.
4. 당근은 매화꽃, 무는 은행잎 모양으로 만들어 익혀내시오.

수험자 유의사항

1) 만드는 순서에 유의하며, 위생과 숙련된 기능평가를 위하여 조리작업 시 맛을 보지 않습니다.
2) 지정된 수험자지참준비물 이외의 조리기구나 재료를 시험장내에 지참할 수 없습니다.
3) 지급재료는 시험 전 확인하여 이상이 있을 경우 시험위원으로부터 조치를 받고 시험 중에는 재료의 교환 및 추가지급은 하지 않습니다.
4) 요구사항의 규격은 "정도"의 의미를 포함하며, 지급된 재료의 크기에 따라 가감하여 채점합니다.
5) 위생상태 및 안전관리 사항을 준수합니다.
6) 다음 사항에 대해서는 채점대상에서 제외하니 특히 유의하시기 바랍니다.
    가) 기권-수험자 본인이 시험 도중 시험에 대한 포기 의사를 표현하는 경우
    나) 실격-(1) 가스레인지 화구 2개 이상(2개 포함) 사용한 경우
            (2) 불을 사용하여 만든 조리작품이 작품특성에 벗어나는 정도로 타거나 익지 않은 경우
            (3) 시험 중 시설·장비(칼, 가스레인지 등) 사용 시 감독위원 및 타수험자의 시험 진행에 위협이 될 것으로 감독위원 전원이 합의하여 판단한 경우
    다) 미완성-(1) 시험시간 내에 과제 두 가지를 제출하지 못한 경우
            (2) 문제의 요구사항대로 과제의 수량이 만들어지지 않은 경우
    라) 오작-(1) 구이를 찜으로 조리하는 등과 같이 조리방법을 다르게 한 경우
            (2) 해당과제의 지급재료 이외의 재료를 사용하거나 석쇠 등 요구사항의 조리도구를 사용하지 않은 경우
    마) 요구사항에 표시된 실격, 미완성, 오작에 해당하는 경우
7) 항목별 배점은 위생상태 및 안전관리 5점, 조리기술 30점, 작품의 평가 15점입니다.

1 다시마 가쓰오다시 끓이기

2 다시마 가쓰오다시 거르기

3 조개, 쑥갓잎 손질

4 당근, 무, 배추말이 준비하기

5 닭고기, 생선살 썰기

6 닭고기, 생선살 밑간하기

7 새우 내장 제거

8 오징어 칼집내기

9 닭고기 및 해물 데치기

10 끓는 소금물에 달걀물 익히기(후끼요세)

11 체에 익힌 달걀 거르기(후끼요세)

12 김발로 모양잡기(후끼요세)

13 육수만들기

14 재료 냄비에 담고 육수 붓기

15 끓여 완성하기

 ## 만드는 법

1 다시마는 젖은 면포로 닦아 찬물에 넣고 끓으면 건져 낸 후, 가다랑어포를 넣어 가라앉으면 면포에 걸러 다시마 가쓰오다시를 준비한다.

2 백합조개는 눈을 제거한 후 소금물에 담가 해감하고 쑥갓잎은 찬물에 담그고 줄기는 끓는 물에 데쳐 배추말이에 넣게 준비한다.

3 무는 은행잎 모양으로 다듬고, 당근은 매화꽃 모양을 만들어 끓는 물에 데쳐내고 죽순은 0.3cm 두께로 빗살모양을 살려 썰어 데치고, 배추도 데쳐낸 후 쑥갓줄기 데친 것을 얹어 지름 2~3cm 정도의 굵기로 말아 가장자리를 잘라내고 가운데를 어슷하게 잘라 준비한다.

4 닭고기와 생선살은 3×4cm 크기로 썰어 닭고기는 간장, 청주로 밑간하고, 흰살생선은 소금, 청주로 밑간한다. 갑오징어는 안쪽에 솔방울 무늬로 칼집을 넣고 차새우는 내장, 껍질 제거하여 준비한다.

5 찐 어묵은 물결무늬로 칼집을 내어 썰고 대파는 어슷하게 썬다.

6 채소를 데쳐낸 물에 **4**의 닭고기, 흰생선살, 갑오징어, 새우를 데쳐낸다.

7 두부는 길이 4cm에 2×2cm 크기로 썰어 준비하고, 생표고는 기둥을 떼고 위쪽에 별 모양으로 칼집을 내고 팽이버섯은 붙어있는 밑둥을 제거한다.

8 달걀 1개 소금 약간 넣어 풀어 체에 걸러 물이 끓으면 달걀을 넣고 젓가락으로 살짝 저어 달걀이 가라앉지 않고 빠르게 익혀 체에 달걀을 건져 김발에 올려 동그랗게 모양잡아 식혀 2~3cm 길이로 썬다.

9 다시가쓰오물 2~3C, 간장 약간, 청주 1TS, 소금 1/2ts을 넣어 육수를 준비한다.

10 냄비에 손질한 재료를 보기 좋게 세워 담고 **9**의 육수를 넣어 백합 조개가 익을 때까지 가열한다. 쑥갓을 넣은 후 바로 불을 꺼 완성한다.

POINT

❖ 새우, 생선, 닭고기를 적당히 데쳐야 국물이 맑고 깨끗하며 담백한 맛이 난다.

❖ 대합 조개가 입이 벌어지지 않도록 눈을 제거한다.

•일식 실기•

생선 모둠회

사시미 노모리아 와세

재 료

붉은색참치살(아카미) 60g
광어(3×8cm 이상, 껍질있는 것) 50g   도미살 50g
학꽁치(꽁치, 전어로 대체 가능) 1/2마리
무(길이 7cm 이상, 둥근 모양으로 잘라 지급) 400g
당근(둥근 모양으로 잘라서) 60g   고추냉이(와사비분) 10g
무순 5g   레몬 1/8쪽
오이(가늘고 곧은 것, 20cm 정도) 1/3개
청차조기잎(시소, 깻잎 2장으로 대체 가능) 4장

요구사항

※ 주어진 재료를 사용하여 다음과 같이 생선 모둠회를 만드시오.
1. 각 생선을 밑손질 하시오.
2. 무를 돌려깎기(가쯔라무끼) 한 후 가늘게 채 썰어 사용하시오.
3. 당근은 나비모양, 오이는 왕관모양으로 장식하여 내시오.

수험자 유의사항

1) 만드는 순서에 유의하며, 위생과 숙련된 기능평가를 위하여 조리작업 시 맛을 보지 않습니다.
2) 지정된 수험자지참준비물 이외의 조리기구나 재료를 시험장내에 지참할 수 없습니다.
3) 지급재료는 시험 전 확인하여 이상이 있을 경우 시험위원으로부터 조치를 받고 시험 중에는 재료의 교환 및 추가지급은 하지 않습니다.
4) 요구사항의 규격은 "정도"의 의미를 포함하며, 지급된 재료의 크기에 따라 가감하여 채점합니다.
5) 위생상태 및 안전관리 사항을 준수합니다.
6) 다음 사항에 대해서는 채점대상에서 제외하니 특히 유의하시기 바랍니다.
    가) 기권-수험자 본인이 시험 도중 시험에 대한 포기 의사를 표현하는 경우
    나) 실격-(1) 가스레인지 화구 2개 이상(2개 포함) 사용한 경우
            (2) 불을 사용하여 만든 조리작품이 작품특성에 벗어나는 정도로 타거나 익지 않은 경우
            (3) 시험 중 시설·장비(칼, 가스레인지 등) 사용 시 감독위원 및 타수험자의 시험 진행에 위협이 될 것으로 감독위원 전원이 합의하여 판단한 경우
    다) 미완성-(1) 시험시간 내에 과제 두 가지를 제출하지 못한 경우
            (2) 문제의 요구사항대로 과제의 수량이 만들어지지 않은 경우
    라) 오작-(1) 구이를 찜으로 조리하는 등과 같이 조리방법을 다르게 한 경우
            (2) 해당과제의 지급재료 이외의 재료를 사용하거나 석쇠 등 요구사항의 조리도구를 사용하지 않은 경우
    마) 요구사항에 표시된 실격, 미완성, 오작에 해당하는 경우
7) 항목별 배점은 위생상태 및 안전관리 5점, 조리기술 30점, 작품의 평가 15점입니다.

① 참치살 소금물에 담그기

② 면포에 수분제거

③ 광어살 껍질 제거하기

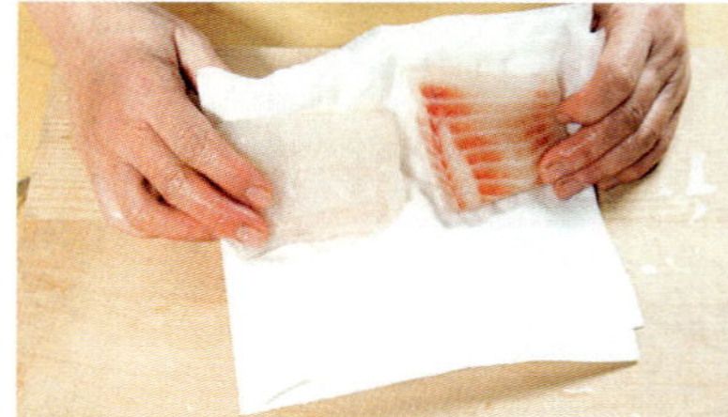
④ 광어, 도미 수분제거

⑤ 학꽁치 손질

⑥ 오이 – 왕관

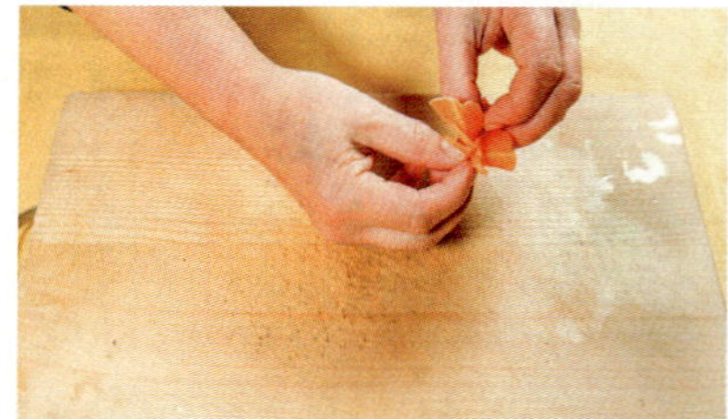
⑦ 당근 – 나비

⑧ 돌려깎아 채썰기(무갱)

⑨ 와사비 모양내기

⑩ 무갱 세우기

⑪ 참치 썰기

⑫ 광어 썰기

⑬ 도미 썰기

⑭ 학꽁치 썰기

⑮ 접시에 담아 완성하기

 **만드는 법**

1 참치살은 연한 소금물에 담궈 해동 후 면포에 싸둔다.

2 무순과 청차조기잎은 찬물에 담가놓는다.

3 광어살은 살만 포를 떠서 껍질을 벗긴 후 도미살과 함께 면포로 감싸 수분 제거한다.

4 학꽁치는 머리와 내장을 제거하고 3장 뜨기 하여 껍질을 벗긴 후 칼집을 넣어 면포로 싸서 수분을 제거한다.

5 오이는 5cm 길이로 잘라 끝이 붙어 있도록 칼집을 4번 넣고 잘라 양끝의 두 번째 부분을 둥글게 말아 안으로 끼워 넣어 왕관 모양으로 만들어 물에 담가 준비한다.

6 당근은 나비모양으로 다듬어 아래 부분이 붙어있게 칼집을 넣고 두 번째 잘라 날개가 2장이 되도록 한 후 붙어있는 부분에 사선으로 칼집을 넣은 후 반대쪽 윗부분에 더듬이 모양이 되게 칼집을 넣는다. 날개를 펼쳐 더듬이를 사선으로 칼집 넣은 부분에 끼워 나비를 만들어 물에 담가 준비한다.

7 무는 돌려깍기하여 길게 채 썰어 무갱을 만들어 찬물에 담그어 싱싱해 지면 체에 건져 준비한다.

8 와사비가루는 물에 되직하게 개어 모양을 만들어 준비한다.

9 접시에 무 갱의 물기를 제거하여 접시에 세워 담고 남은 무갱을 바닥에 4등분하여 깐 후 청자조기잎을 무 위에 얹어 놓는다.

10 참치살, 광어살, 도미살을 한입 크기로 포를 뜬 후 보기 좋게 담고 학꽁치도 한입 크기로 썰어 담아 완성한다.

11 왕관 모양의 오이와 나비모양의 당근, 레몬 물기를 제거한 무순으로 보기 좋게 마무리하고 와사비를 곁들여 제출한다.

POINT

❖ 학꽁치는 1/2마리로 반이 잘려 나오므로 고사리 모양은 불가하고, 나뭇잎모양이 가능. 대체로 꽁치로 지급하고 있음.

시험시간 **40분**

모둠튀김

덴푸라노모리아와세

재 료

새우 30~40g
갑오징어(오징어로 대체 가능) 40g
학꽁치(꽁치, 전어로 대체 가능) 1/2마리
한지(25cm 사각, A4용지로 대체 가능) 2장
청피망(중, 75g 정도) 1/6개
연근 30g
달걀 1개
통생강 20g
가다랑어포(가쓰오부시) 20g
실파(1뿌리) 20g
건다시마(5×10cm) 1장
진간장 10ml

바다장어 50g
양파(중, 150g 정도) 1/4개

생표고(20g) 1개
밀가루(박력분) 150g
무 30g
식용유 500ml
레몬 1/8개
대꼬챙이(소, 10cm 이하) 2개   이쑤시개 1개
청주 10ml
백설탕 20g

요구사항

※ 주어진 재료를 사용하여 다음과 같이 모둠튀김을 만드시오.
1. 새우, 갑오징어, 학꽁치, 바다장어를 튀길 수 있도록 손질하시오.
2. 각 채소를 튀길 수 있는 크기로 써시오.
3. 새우는 구부러지지 않게 튀기시오.
4. 튀김소스(덴다시)와 양념(야꾸미)을 곁들여 내시오.

수험자 유의사항

1) 만드는 순서에 유의하며, 위생과 숙련된 기능평가를 위하여 조리작업 시 맛을 보지 않습니다.
2) 지정된 수험자지참준비물 이외의 조리기구나 재료를 시험장내에 지참할 수 없습니다.
3) 지급재료는 시험 전 확인하여 이상이 있을 경우 시험위원으로부터 조치를 받고 시험 중에는 재료의 교환 및 추가지급은 하지 않습니다.
4) 요구사항의 규격은 "정도"의 의미를 포함하며, 지급된 재료의 크기에 따라 가감하여 채점합니다.
5) 위생상태 및 안전관리 사항을 준수합니다.
6) 다음 사항에 대해서는 채점대상에서 제외하니 특히 유의하시기 바랍니다.
　　가) 기권－수험자 본인이 시험 도중 시험에 대한 포기 의사를 표현하는 경우
　　나) 실격－(1) 가스레인지 화구 2개 이상(2개 포함) 사용한 경우
　　　　　　　(2) 불을 사용하여 만든 조리작품이 작품특성에 벗어나는 정도로 타거나 익지 않은 경우
　　　　　　　(3) 시험 중 시설·장비(칼, 가스레인지 등) 사용 시 감독위원 및 타수험자의 시험 진행에 위협이 될 것으로 감독위원 전원이 합의하여 판단한 경우
　　다) 미완성－(1) 시험시간 내에 과제 두 가지를 제출하지 못한 경우
　　　　　　　　(2) 문제의 요구사항대로 과제의 수량이 만들어지지 않은 경우
　　라) 오작－(1) 구이를 찜으로 조리하는 등과 같이 조리방법을 다르게 한 경우
　　　　　　　(2) 해당과제의 지급재료 이외의 재료를 사용하거나 석쇠 등 요구사항의 조리도구를 사용하지 않은 경우
　　마) 요구사항에 표시된 실격, 미완성, 오작에 해당하는 경우
7) 항목별 배점은 위생상태 및 안전관리 5점, 조리기술 30점, 작품의 평가 15점입니다.

❶ 다시마 가쓰오다시 끓이기

❷ 다시마 가쓰오다시 거르기

❸ 양파 썰기

❹ 피망 썰기

❺ 표고 손질

❻ 오징어 칼집넣기

❼ 새우 손질

❽ 학꽁치 손질

❾ 바다장어 칼집넣기

❿ 덴다시 끓이기

⓫ 달걀물 만들기

⓬ 튀김옷 만들기

⓭ 튀기기

⓮ 종이접기

⓯ 접시에 담아 완성하기

 ## 만드는 법

1 다시마는 젖은 면포로 닦아 찬물 1C을 넣고 끓으면 건져 낸 후, 가다랑어포를 넣어 가라앉으면 면포에 걸러 다시마 가쓰오다시를 준비한다.

2 양파는 꼬지를 끼워 고정시켜 0.7cm 두께의 반달형으로 썰고, 피망은 씨를 제거하고 2× 7cm 크기로 썬다. 연근은 껍질을 제거하고 0.7cm 두께로 썰어 물에 담그고, 생표고는 기둥을 제거하고 젖은 면포로 닦아 껍질쪽에 별 모양으로 칼집을 넣는다.

3 오징어는 껍질 제거 후 안쪽에 솔방울 무늬로 칼집을 넣고, 새우는 내장과 물집을 제거 후 껍질을 벗기고 배쪽에 사선으로 칼집을 넣는다. 학꽁치(꽁치나 전어로 대체시 같은 방법으로 손질)는 머리와 내장제거 후 3장 뜨기하여 잔뼈를 제거 후 껍질을 벗긴 후 칼집을 넣고, 바다장어는 껍질의 점액질을 제거하고 껍질에 칼집을 넣는다.

4 무와 생강은 껍질을 벗기고 강판에 갈아 물기를 짜고 실파는 송송썰어 물에 헹궈 물기를 제거하여 레몬과 함께 야꾸미를 준비한다.

5 냄비에 다시가쓰오물 5T, 간장 1T, 청주 1T, 설탕 1t를 넣어 살짝 끓여 덴다시를 준비한다.

6 달걀 노른자 1개에 찬물 1C을 넣고 젓가락으로 고루 잘 풀어 준 후 체에 친 박력분 1C을 조금씩 넣어 약간의 덩어리가 남을 정도로 저어준다.

7 준비한 재료에 밀가루를 묻힌 후 튀김옷을 입혀 170℃ 정도의 기름에 단단한 채소부터 넣어 튀긴다.

8 양파의 꼬지를 빼고 접시에 접어놓은 종이를 깐 후 튀겨낸 재료를 기대어 보기 좋게 담아 튀김소스(덴다시)와 양념(야쿠미)을 곁들여낸다.

POINT

❖ 튀김반죽은 튀김기름에 온도가 올라가면 반죽해야 한다(먼저 만들어 놓으면 밀가루가 불어 글루텐이 형성되어 튀김옷이 쳐진다).

❖ 튀김기름 개인지급이므로 튀김기름온도 관리에 주의한다.

❖ 튀김은 세워서 보기 좋게 담고 새우는 앞쪽에 담는다.

❖ 튀김 재료의 길이는 주어진 재료크기에 따라 조절한다.

시험시간 **30분**

• 일식 실기 •

소고기 양념튀김

규니꾸노 가라아게

재 료

쇠고기(등심) 100g
참기름 5ml
한지(25cm 사각, A4용지로 대체 가능) 2장
달걀 1개
녹말가루(감자전분) 30g
소금(정제염) 2g
파슬리(잎, 줄기포함) 1줄기
식용유 500ml

실파(1뿌리) 20g
마늘(중, 깐 것) 1쪽
밀가루(박력분) 30g
당면 10g
레몬 1/4개
청주 5ml

요구사항

※ 주어진 재료를 사용하여 다음과 같이 소고기 양념 튀김을 만드시오.
1. 소고기는 결의 반대방향으로 가늘게 채 써시오.
2. 소고기에 양념을 한 후 달걀과 밀가루 전분을 넣어 섞으시오.
3. 양념한 재료는 조금씩 넣어 튀겨내시오(단, 손으로 동그랗게 모양을 만들어 튀기는 경우 오작).

수험자 유의사항

1) 만드는 순서에 유의하며, 위생과 숙련된 기능평가를 위하여 조리작업 시 맛을 보지 않습니다.
2) 지정된 수험자지참준비물 이외의 조리기구나 재료를 시험장내에 지참할 수 없습니다.
3) 지급재료는 시험 전 확인하여 이상이 있을 경우 시험위원으로부터 조치를 받고 시험 중에는 재료의 교환 및 추가지급은 하지 않습니다.
4) 요구사항의 규격은 "정도"의 의미를 포함하며, 지급된 재료의 크기에 따라 가감하여 채점합니다.
5) 위생상태 및 안전관리 사항을 준수합니다.
6) 다음 사항에 대해서는 채점대상에서 제외하니 특히 유의하시기 바랍니다.
　　가) 기권 – 수험자 본인이 시험 도중 시험에 대한 포기 의사를 표현하는 경우
　　나) 실격 – (1) 가스레인지 화구 2개 이상(2개 포함) 사용한 경우
　　　　　　　(2) 불을 사용하여 만든 조리작품이 작품특성에 벗어나는 정도로 타거나 익지 않은 경우
　　　　　　　(3) 시험 중 시설·장비(칼, 가스레인지 등) 사용 시 감독위원 및 타수험자의 시험 진행에 위협이 될 것으로 감독위원 전원이 합의하여 판단한 경우
　　다) 미완성 – (1) 시험시간 내에 과제 두 가지를 제출하지 못한 경우
　　　　　　　 (2) 문제의 요구사항대로 과제의 수량이 만들어지지 않은 경우
　　라) 오작 – (1) 구이를 찜으로 조리하는 등과 같이 조리방법을 다르게 한 경우
　　　　　　　(2) 해당과제의 지급재료 이외의 재료를 사용하거나 석쇠 등 요구사항의 조리도구를 사용하지 않은 경우
　　마) 요구사항에 표시된 실격, 미완성, 오작에 해당하는 경우
7) 항목별 배점은 위생상태 및 안전관리 5점, 조리기술 30점, 작품의 평가 15점입니다.

❶ 파슬리 물에 담그기

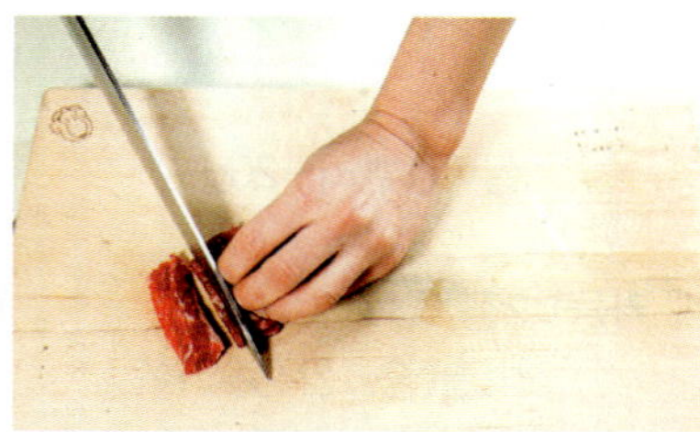

❷ 소고기 썰기

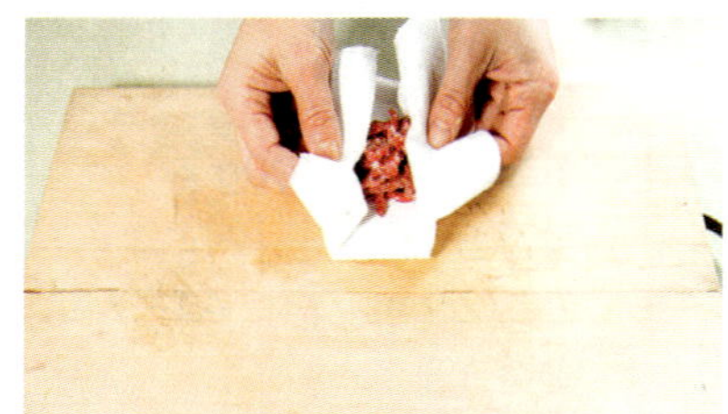

❸ 소고기 핏물 제거

❹ 실파 썰기

❺ 소고기 밑간하기

❻ 소고기 반죽하기

❼ 반죽에 실파넣기

❽ 완자 만들기

❾ 소고기 튀기기

❿ 당면 튀기기

⓫ 종이접기

⓬ 접시에 담기

 ## 만드는 법

1 파슬리는 찬물에 담가놓고, 한지와 당면은 물이 닿지 않게 보관한다.

2 쇠고기는 결 반대 방향으로 3×0.3cm 크기로 짧고 굵게 채 썰어 키친타월을 깔아 핏물을 제거한다.

3 마늘은 곱게 다지고, 실파는 0.5cm로 송송 썰어 준비한다.

4 레몬은 양쪽 끝을 자르고 가운데를 다듬어 준비한다.

5 채썬 소고기에 다진 마늘과 참기름, 청주, 소금으로 간 한 후 달걀노른자와 밀가루 1T, 녹말 1T을 넣어 약간 되직하게 반죽을 한 후 실파를 넣어 살짝 버무린다.

6 튀김 기름을 불에 올려 160℃ 정도가 되면 **5**의 고기반죽을 지름 2.5cm 정도의 크기로 수저로 동그랗게 모양을 만들어 튀김기름에 넣고 속까지 잘 익도록 튀겨 키친타월로 기름을 제거한다.

7 기름을 더 달구어 당면을 넣어 완전히 부풀어 오르게 튀긴다.

8 접시에 한지를 깔고 위에 당면을 올리고 튀긴 소고기 완자를 보기 좋게 담은 후 오른쪽에 레몬과 파슬리 곁들여 완성한다.

POINT

❖ 튀김기름은 개별지급이므로 온도 관리에 유의한다.

❖ 당면을 한조각 넣어 가라앉아 바로 서서히 떠오르면 온도가 좋은 것(180도)이고, 당면은 처음에 들어가 온도가 낮아 부풀지 못하면 다시 부풀지 않으므로 주의해야 한다.

❖ 반죽을 되직하게 밀가루와 전분을 많이 넣어 손으로 동그랗게 빚으면 오작 처리되므로 되직하게 반죽해 일정량 수저로 떠서 튀긴다(약 지름 2.5cm 정도 되면 좋음).

 시험시간 **30분**

일식 실기 •

도미 머리 맑은국

다이 스이모노

재 료

도미(200~250g, 도미과제 중복시 두가지 과제에 도미 1마리 지급) 1마리
대파(흰부분, 10cm 정도) 1토막
소금(정제염) 20g
죽순 30g
건다시마(5×10cm) 1장
국간장(진간장으로 대체 가능) 5ml
레몬 1/4개
청주 5ml

요구사항

※ 주어진 재료를 사용하여 다음과 같이 도미 머리 맑은 국을 만드시오.
1. 도미머리 부분을 반으로 갈라 50~60g 정도 크기로 사용하시오(단, 도미는 머리만 사용하여야
   하고 도미 몸통(살) 사용할 경우 오작 처리).
2. 소금을 뿌려 놓았다가 끓는 물에 데쳐 손질하시오.
3. 다시마와 도미머리를 넣어 은근하게 국물을 만들어 간 하시오.
4. 대파의 흰 부분은 곱게 채 썰어 사용하시오(시라가네기).
5. 간을 하여 각 곁들일 재료를 넣어 국물을 부어 완성하시오.

수험자 유의사항

1) 만드는 순서에 유의하며, 위생과 숙련된 기능평가를 위하여 조리작업 시 맛을 보지 않습니다.
2) 지정된 수험자지참준비물 이외의 조리기구나 재료를 시험장내에 지참할 수 없습니다.
3) 지급재료는 시험 전 확인하여 이상이 있을 경우 시험위원으로부터 조치를 받고 시험 중에는 재
   료의 교환 및 추가지급은 하지 않습니다.
4) 요구사항의 규격은 "정도"의 의미를 포함하며, 지급된 재료의 크기에 따라 가감하여 채점합니다.
5) 위생상태 및 안전관리 사항을 준수합니다.
6) 다음 사항에 대해서는 채점대상에서 제외하니 특히 유의하시기 바랍니다.
   가) 기권 – 수험자 본인이 시험 도중 시험에 대한 포기 의사를 표현하는 경우
   나) 실격 – (1) 가스레인지 화구 2개 이상(2개 포함) 사용한 경우
        (2) 불을 사용하여 만든 조리작품이 작품특성에 벗어나는 정도로 타거나 익지 않은 경우
        (3) 시험 중 시설 · 장비(칼, 가스레인지 등) 사용 시 감독위원 및 타수험자의 시험 진행에 위협이
            될 것으로 감독위원 전원이 합의하여 판단한 경우
   다) 미완성 – (1) 시험시간 내에 과제 두 가지를 제출하지 못한 경우
        (2) 문제의 요구사항대로 과제의 수량이 만들어지지 않은 경우
   라) 오작 – (1) 구이를 찜으로 조리하는 등과 같이 조리방법을 다르게 한 경우
        (2) 해당과제의 지급재료 이외의 재료를 사용하거나 석쇠 등 요구사항의 조리도구를 사용하지
            않은 경우
   마) 요구사항에 표시된 실격, 미완성, 오작에 해당하는 경우
7) 항목별 배점은 위생상태 및 안전관리 5점, 조리기술 30점, 작품의 평가 15점입니다.

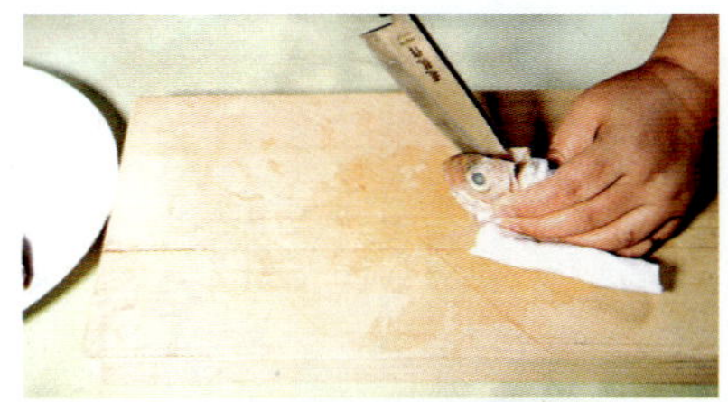

❶ 도미머리 반으로 가르기

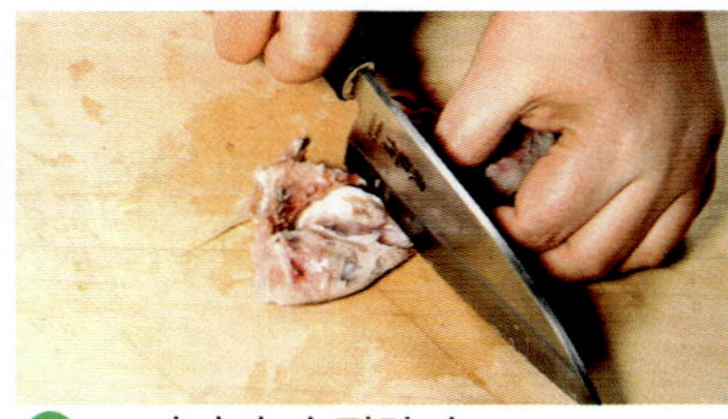

❷ 도미머리 손질하기

❸ 도미머리에 소금 뿌리기

❹ 죽순 썰기

❺ 오리발 만들기

❻ 대파 채썰기

❼ 도미머리 데치기

❽ 도미머리 불순물 제거

❾ 다시마 넣어 끓이기

❿ 다시마 건지기

⓫ 간하기

⓬ 담기

 **만드는 법**

1 도미의 비늘을 긁어내고 아가미, 내장을 제거한 후 깨끗이 씻어 도미 머리는 반으로 잘라 도미 머리에 소금을 뿌린다.

2 죽순은 빗살 사이 석회질을 제거한 후 편 썰어 소금물에 데친다.

3 레몬껍질로 오리발 모양을 만들고, 대파는 곱게 채를 썰어 찬물에 담갔다가 면포에 물기를 제거한다.

4 **1**의 도미머리는 끓는 물에 데친 후 찬물에 헹궈 비늘과 불순물을 제거한다.

5 냄비에 다시마와 도미머리를 넣고 물 2C을 넣어 끓기 시작하면 다시마를 건져내고 도미머리도 익으면 건져내고 면포에 내린다.

6 국물에 국간장, 소금, 청주로 간을 하고 살짝 끓인다.

7 그릇에 도미머리와 죽순을 담고 국물을 8부 정도 붓고 채 썬 대파와 오리발 모양낸 레몬껍질을 띄워 낸다.

POINT

❖ 도미는 불순물이 없도록 깨끗이 씻어야 비린내가 나지 않고 국물이 깨끗하다.

❖ 도미 몸통을 함께 쓰면 실격처리 중...

❖ 주로 도미과제와 중복 출제하고 있음

 시험시간 **20분**

대합 맑은국

하마구리스이모노

재 료

백합조개(개당 40g 정도, 5cm 내외) 2개
쑥갓 10g
레몬 1/4개
청주 5ml
소금(정제염) 10g
국간장(진간장으로 대체 가능) 5ml
다시마(5×10cm) 1장

요구사항

※ 주어진 재료를 사용하여 다음과 같이 대합 맑은 국을 만드시오.
1. 조개 상태를 확인한 후 해감하시오.
2. 다시마와 백합조개를 넣어 끓으면 다시마를 건져내시오.

수험자 유의사항

1) 만드는 순서에 유의하며, 위생과 숙련된 기능평가를 위하여 조리작업 시 맛을 보지 않습니다.
2) 지정된 수험자지참준비물 이외의 조리기구나 재료를 시험장내에 지참할 수 없습니다.
3) 지급재료는 시험 전 확인하여 이상이 있을 경우 시험위원으로부터 조치를 받고 시험 중에는 재료의 교환 및 추가지급은 하지 않습니다.
4) 요구사항의 규격은 "정도"의 의미를 포함하며, 지급된 재료의 크기에 따라 가감하여 채점합니다.
5) 위생상태 및 안전관리 사항을 준수합니다.
6) 다음 사항에 대해서는 채점대상에서 제외하니 특히 유의하시기 바랍니다.
　가) 기권-수험자 본인이 시험 도중 시험에 대한 포기 의사를 표현하는 경우
　나) 실격-(1) 가스레인지 화구 2개 이상(2개 포함) 사용한 경우
　　　　　(2) 불을 사용하여 만든 조리작품이 작품특성에 벗어나는 정도로 타거나 익지 않은 경우
　　　　　(3) 시험 중 시설·장비(칼, 가스레인지 등) 사용 시 감독위원 및 타수험자의 시험 진행에 위협이 될 것으로 감독위원 전원이 합의하여 판단한 경우
　다) 미완성-(1) 시험시간 내에 과제 두 가지를 제출하지 못한 경우
　　　　　(2) 문제의 요구사항대로 과제의 수량이 만들어지지 않은 경우
　라) 오작-(1) 구이를 찜으로 조리하는 등과 같이 조리방법을 다르게 한 경우
　　　　　(2) 해당과제의 지급재료 이외의 재료를 사용하거나 석쇠 등 요구사항의 조리도구를 사용하지 않은 경우
　마) 요구사항에 표시된 실격, 미완성, 오작에 해당하는 경우
7) 항목별 배점은 위생상태 및 안전관리 5점, 조리기술 30점, 작품의 평가 15점입니다.

❶ 소금물에 담가 해감하기

❷ 쑥갓잎 물에 담그기

❸ 오리발 만들기

❹ 대합, 다시마, 물넣어 끓이기

❺ 다시마 건지기

❻ 거품 제거하기

❼ 조개살 손질하기

❽ 그릇에 담기

❾ 국물 거르기

❿ 국물에 간하기

⓫ 국물붓기

⓬ 쑥갓, 오리발 올리기

 ## 만드는 법

1 백합조개는 두들겨 맑은소리를 확인한 뒤 소금물에 담가 해감한다.

2 쑥갓은 연한 속잎을 잘라 찬물에 담가놓고, 레몬은 껍질을 오리발 모양으로 포를 뜬다.

3 물 3C에 다시마, 조개를 넣고 끓어오르면 다시마를 건져내고 거품을 제거하고 조개가 입이 벌어질 때까지 끓인다.

4 조개의 입이 벌어지면 불을 끄고 조개를 꺼내 살이 없는 쪽 껍질은 제거하여 조개를 그릇에 담는다.

5 국물은 면포에 걸러 국간장과 소금, 청주로 간하고 다시 한번 끓여 **4**의 조개가 담긴 그릇에 국물을 붓는다.

6 쑥갓잎과 레몬 오리발을 띄워 제출한다.

 POINT

❖ 대합을 오래 끓이면 질기고 약간 뽀얀 색이 나도록 끓여 1컵 정도 담아낸다.

 시험시간 **20분**

된장국

미소시루

재 료

일본된장 40g
건다시마(5×10cm) 1장
판두부 20g
실파(1뿌리) 20g
산초가루 1g
가다랑어포(가쓰오부시) 5g
건미역 5g
청주 20ml

요구사항

※ 주어진 재료를 사용하여 다음과 같이 된장국을 만드시오.
1. 다시마와 가다랑어포(가쓰오부시)로 가다랑어국물(가쓰오다시)을 만드시오.
2. 1cm×1cm×1cm로 썬 두부와 미역은 데쳐 사용하시오.
3. 된장을 풀어 한소끔 끓여내시오.

수험자 유의사항

1) 만드는 순서에 유의하며, 위생과 숙련된 기능평가를 위하여 조리작업 시 맛을 보지 않습니다.
2) 지정된 수험자지참준비물 이외의 조리기구나 재료를 시험장내에 지참할 수 없습니다.
3) 지급재료는 시험 전 확인하여 이상이 있을 경우 시험위원으로부터 조치를 받고 시험 중에는 재료의 교환 및 추가지급은 하지 않습니다.
4) 요구사항의 규격은 "정도"의 의미를 포함하며, 지급된 재료의 크기에 따라 가감하여 채점합니다.
5) 위생상태 및 안전관리 사항을 준수합니다.
6) 다음 사항에 대해서는 채점대상에서 제외하니 특히 유의하시기 바랍니다.
  가) 기권－수험자 본인이 시험 도중 시험에 대한 포기 의사를 표현하는 경우
  나) 실격－(1) 가스레인지 화구 2개 이상(2개 포함) 사용한 경우
      (2) 불을 사용하여 만든 조리작품이 작품특성에 벗어나는 정도로 타거나 익지 않은 경우
      (3) 시험 중 시설·장비(칼, 가스레인지 등) 사용 시 감독위원 및 타수험자의 시험 진행에 위협이 될 것으로 감독위원 전원이 합의하여 판단한 경우
  다) 미완성－(1) 시험시간 내에 과제 두 가지를 제출하지 못한 경우
       (2) 문제의 요구사항대로 과제의 수량이 만들어지지 않은 경우
  라) 오작－(1) 구이를 찜으로 조리하는 등과 같이 조리방법을 다르게 한 경우
      (2) 해당과제의 지급재료 이외의 재료를 사용하거나 석쇠 등 요구사항의 조리도구를 사용하지 않은 경우
  마) 요구사항에 표시된 실격, 미완성, 오작에 해당하는 경우
7) 항목별 배점은 위생상태 및 안전관리 5점, 조리기술 30점, 작품의 평가 15점입니다.

① 다시마 가쓰오다시 끓이기

② 다시마 가쓰오다시 거르기

③ 미역 불리기

④ 두부 썰기

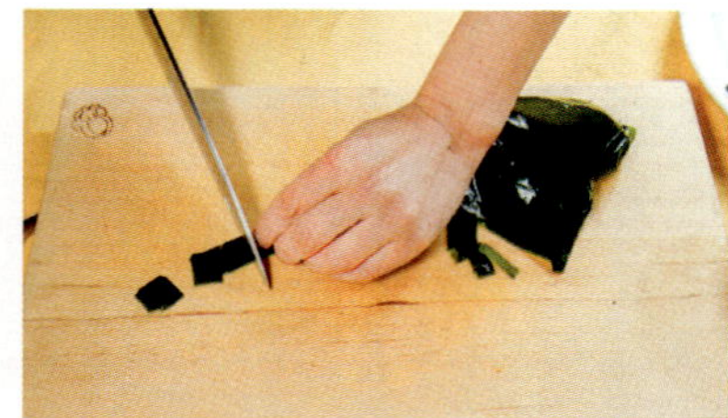

⑤ 미역 썰기

⑥ 두부 데치기

⑦ 미역 데치기

⑧ 실파 썰기

⑨ 실파 물에 행구기

⑩ 된장 풀기

⑪ 술넣기

⑫ 재료 그릇에 담고 국물붓기

⑬ 산초가루 뿌리기

 ## 만드는 법

1 다시마는 젖은 면포로 닦아 찬물에 넣고 끓으면 건져 낸 후, 가다랑어포를 넣어 가라앉으면 면포에 걸러 가쓰오 다시를 준비한다.

2 건미역은 물에 담가 불린다.

3 두부는 1cm 크기의 정육면체로 썰어 준비한다.

4 불린 미역은 줄기를 제거하고 2cm 크기로 썰어 준비한다.

5 끓는 물에 소금을 넣고 미역, 두부 데친 후 미역은 찬물에 헹군다.

6 실파는 송송 썰어 찬물에 헹구고 체에 밭쳐 물기를 제거한다.

7 가쓰오다시 2C을 냄비에 넣고 끓으면 된장 1T, 술 1Ts 넣어 간하여 끓인다.

8 완성그릇에 실파, 미역, 두부를 담고 **7**의 국물을 붓고 산초가루를 약간 뿌려 완성한다.

POINT

❖ 국물 양을 1C 이상 담는다.

❖ 미역은 줄기 제거하여 사용, 된장국에 건더기 넣고 끓이지 말 것!

❖ 두부를 된장국물을 약간 넣고 끓여 간이 배게 한 후 사용하면 좋다.

전골냄비

스끼야끼

재 료

쇠고기(등심) 100g
대파(흰부분, 10cm 정도) 1토막
생표고(20g) 1개
배추 70g
실곤약 30g
건다시마(5×10cm) 1장
청주 30ml
쑥갓 30g
식용유 10ml

판두부 50g
우엉 40g
팽이 30g
양파(중, 150g 정도) 1/2개
죽순 30g
달걀 1개
설탕 30g
간장 50ml

요구사항

※ 주어진 재료를 사용하여 다음과 같이 전골냄비를 만드시오.
1. 전골(스끼야끼) 양념장(다래)과 다시(국물)를 준비하시오.
2. 고기와 채소류를 각각 적합한 크기로 썰어 준비하시오.
3. 우엉은 연필깍이썰기(사사가끼)로 하시오.
4. 재료의 특성에 맞게 순서대로 볶아서 익히시오.
5. 달걀은 소스로 별도 제출하시오.

수험자 유의사항

1) 만드는 순서에 유의하며, 위생과 숙련된 기능평가를 위하여 조리작업 시 맛을 보지 않습니다.
2) 지정된 수험자지참준비물 이외의 조리기구나 재료를 시험장내에 지참할 수 없습니다.
3) 지급재료는 시험 전 확인하여 이상이 있을 경우 시험위원으로부터 조치를 받고 시험 중에는 재료의 교환 및 추가지급은 하지 않습니다.
4) 요구사항의 규격은 "정도"의 의미를 포함하며, 지급된 재료의 크기에 따라 가감하여 채점합니다.
5) 위생상태 및 안전관리 사항을 준수합니다.
6) 다음 사항에 대해서는 채점대상에서 제외하니 특히 유의하시기 바랍니다.
　가) 기권－수험자 본인이 시험 도중 시험에 대한 포기 의사를 표현하는 경우
　나) 실격－(1) 가스레인지 화구 2개 이상(2개 포함) 사용한 경우
　　　　　　(2) 불을 사용하여 만든 조리작품이 작품특성에 벗어나는 정도로 타거나 익지 않은 경우
　　　　　　(3) 시험 중 시설·장비(칼, 가스레인지 등) 사용 시 감독위원 및 타수험자의 시험 진행에 위협이 될 것으로 감독위원 전원이 합의하여 판단한 경우
　다) 미완성－(1) 시험시간 내에 과제 두 가지를 제출하지 못한 경우
　　　　　　(2) 문제의 요구사항대로 과제의 수량이 만들어지지 않은 경우
　라) 오작－(1) 구이를 찜으로 조리하는 등과 같이 조리방법을 다르게 한 경우
　　　　　　(2) 해당과제의 지급재료 이외의 재료를 사용하거나 석쇠 등 요구사항의 조리도구를 사용하지 않은 경우
　마) 요구사항에 표시된 실격, 미완성, 오작에 해당하는 경우
7) 항목별 배점은 위생상태 및 안전관리 5점, 조리기술 30점, 작품의 평가 15점입니다.

❶ 다시마 다시 끓이기

❷ 우엉 썰기

❸ 배추 썰기

❹ 표고 칼집내기

❺ 죽순 썰기

❻ 양파 썰기

❼ 두부 썰기

❽ 스끼야끼다래 끓이기

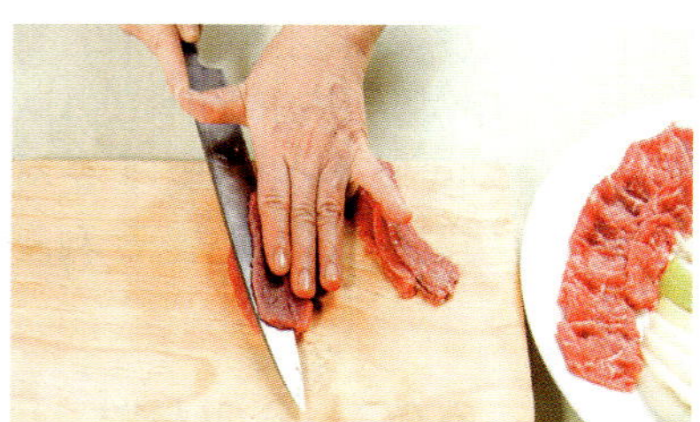

❾ 소고기 썰기

❿ 접시에 사라모리하기

⓫ 재료 익히기

⓬ 달걀 곁들여 완성하기

 **만드는 법**

1 다시마를 젖은 면포로 닦고, 찬물 2C을 넣고 가열하다가 끓기 시작하면 건져 내고 불을 끈다.

2 쑥갓은 찬물에 담가 놓고, 우엉은 연필 깎듯이 썰어 물에 담가 둔다.

3 배추는 5×2cm로 썰고, 대파는 어슷하게 썬다.

4 표고버섯은 젖은 면포로 닦아 기둥을 제거하고 별모양 칼집을 넣는다.

5 죽순은 빗살모양을 살려 얇게 썰어 끓는 물에 데치고, 실곤약도 끓는 물에 데친다.

6 양파는 0.5cm 두께의 반원으로 썰고, 팽이버섯은 밑동을 제거한다.

7 두부는 5×5×1cm 크기로 썰어 직화에 구워 헹군 다음 2등분 한다.

8 다시국물 1C, 간장 3T, 설탕 2T, 청주 2T을 냄비에 넣고 스끼야끼다래를 끓인다.

9 소고기는 결 반대 방향으로 0.2cm 두께로 얇게 저며 편 썬다.

10 전골냄비에 기름을 두르고 단단한 재료부터 차례로 볶다가 한쪽으로 밀어놓고 스끼야끼 다래를 조금씩 넣어 볶고 다시마 다시를 자작하게 부어 끓인다.

11 채소를 다 볶은 후 앞쪽에 고기를 넣어 볶아 고기를 익힌 후 거품을 제거하고 쑥갓, 팽이버섯을 넣고 불을 끈다.

12 완성한 전골 냄비와 생달걀을 깨서 그릇에 담아 같이 낸다.

POINT

❖ 배추, 양파, 죽순, 우엉, 표고버섯, 쇠고기, 대파, 팽이버섯, 쑥갓, 다래소스를 넣어가면서 볶아야 함. 이때 가장자리가 타면 다시물을 1Ts씩 껴얹저 가며 볶아준다.

❖ 사라모리를 되도록 해서 작품모양을 미리 감독관에게 보여주는 것이 좋음.

시험시간 **20분**

참치 김초밥

데까마끼

재　료

붉은색참치살 100g
청차조기잎(깻잎 가능) 1장
밥(뜨거운 밥) 120g
식초 70ml
소금(정제염) 20g

고추냉이 15g
김 1장
통생강 20g
설탕 50g
진간장 10ml

요구사항

※ 주어진 재료를 사용하여 다음과 같이 참치 김초밥을 만드시오.
1. 김을 반장으로 자르고, 눅눅하거나 구워지지 않은 김은 구워 사용하시오.
2. 고추냉이와 초생강을 만드시오.
3. 초밥 2줄은 일정한 크기 12개로 잘라 내시오.
4. 간장을 곁들여 제출하시오.

수험자 유의사항

1) 만드는 순서에 유의하며, 위생과 숙련된 기능평가를 위하여 조리작업 시 맛을 보지 않습니다.
2) 지정된 수험자지참준비물 이외의 조리기구나 재료를 시험장내에 지참할 수 없습니다.
3) 지급재료는 시험 전 확인하여 이상이 있을 경우 시험위원으로부터 조치를 받고 시험 중에는 재료의 교환 및 추가지급은 하지 않습니다.
4) 요구사항의 규격은 "정도"의 의미를 포함하며, 지급된 재료의 크기에 따라 가감하여 채점합니다.
5) 위생상태 및 안전관리 사항을 준수합니다.
6) 다음 사항에 대해서는 채점대상에서 제외하니 특히 유의하시기 바랍니다.
　가) 기권 – 수험자 본인이 시험 도중 시험에 대한 포기 의사를 표현하는 경우
　나) 실격 – (1) 가스레인지 화구 2개 이상(2개 포함) 사용한 경우
　　　　　　(2) 불을 사용하여 만든 조리작품이 작품특성에 벗어나는 정도로 타거나 익지 않은 경우
　　　　　　(3) 시험 중 시설·장비(칼, 가스레인지 등) 사용 시 감독위원 및 타수험자의 시험 진행에 위협이 될 것으로 감독위원 전원이 합의하여 판단한 경우
　다) 미완성 – (1) 시험시간 내에 과제 두 가지를 제출하지 못한 경우
　　　　　　　(2) 문제의 요구사항대로 과제의 수량이 만들어지지 않은 경우
　라) 오작 – (1) 구이를 찜으로 조리하는 등과 같이 조리방법을 다르게 한 경우
　　　　　　(2) 해당과제의 지급재료 이외의 재료를 사용하거나 석쇠 등 요구사항의 조리도구를 사용하지 않은 경우
　마) 요구사항에 표시된 실격, 미완성, 오작에 해당하는 경우
7) 항목별 배점은 위생상태 및 안전관리 5점, 조리기술 30점, 작품의 평가 15점입니다.

❶ 초밥초 끓이기

❷ 밥에 초밥초 섞기

❸ 생강 얇게 썰기

❹ 생강데치기

❺ 생강 초밥초에 절이기

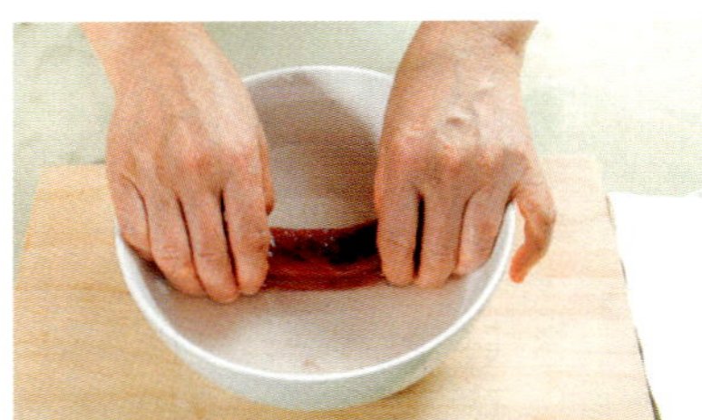
❻ 참치 소금물에 해동하기

❼ 와사비 찬물에 개기

❽ 참치썰기

❾ 김밥에 재료올리기

❿ 김밥 사각으로 모양잡기

⓫ 김밥썰기

⓬ 간장 곁들여 완성하기

 **만드는 법**

1 냄비에 식초 3T, 설탕 2T, 소금 1t을 넣고 살짝 끓여 초밥초를 만든다.

2 밥이 따뜻할 때 초밥초를 넣어 나무주걱으로 고루 섞어, 젖은 면포를 덮어둔다.

3 청차조기잎은 물에 씻어 찬물에 담근다.

4 생강은 껍질을 벗기고 얇게 썰어 소금물에 데친다.

5 남은 초밥초에 데쳐 놓은 생강을 담가두어 초생강을 만든다.

6 참치는 소금으로 바닷물 정도의 염도를 맞춘 찬물에 담갔다가 절반 정도 해동한 후 건져 면포에 감싸 물기 제거 후 1×1cm 굵기로 길게 썬다.

7 분말 와사비는 동량의 물에 부드럽게 개어 준비한다.

8 김을 살짝 구워 반으로 자른 후 끝을 2cm 정도만 남기고 김 위에 밥을 고르게 펴고 그 위에 한 줄로 와사비를 고루 바르고 참치를 놓는다.

9 밥의 끝과 끝이 단번에 만나도록 말아 네모지게 모양을 내고, 양 끝부분을 눌러 밥알이 빠지지 않도록 매끄럽게 정리한다. 이렇게 두줄을 만다.

10 한 줄을 6등분하여 참치 김초밥을 보기 좋게 접시에 세워 담고 청자조기잎과 초생강을 옆에 담고 간장을 곁들여 낸다.

✎ POINT

❖ 참치가 중앙에 오도록 정사각형으로 말아 썬다.

 시험시간 **25분**

일식 실기

김초밥

마끼스시

재　료

김(초밥김) 1장
달걀 2개
통생강 30g
청차조기잎(시소, 깻잎으로 대체 가능) 1장
오이(가늘고 곧은 것, 20cm 정도) 1/4개
식초 70ml
소금(정제염) 20g
진간장 20ml

밥(뜨거운 밥) 200g
박고지 10g
오보로 10g

백설탕 50g
식용유 10ml
맛술(미림) 10ml

요구사항

※ 주어진 재료를 사용하여 다음과 같이 김초밥을 만드시오.
1. 박고지, 달걀말이, 오이 등 김초밥 속재료를 만드시오.
2. 초밥초를 만들어 밥에 간하여 식히시오.
3. 김초밥은 일정한 두께와 크기로 8등분하여 담으시오.
4. 간장을 곁들여 제출하시오.

수험자 유의사항

1) 만드는 순서에 유의하며, 위생과 숙련된 기능평가를 위하여 조리작업 시 맛을 보지 않습니다.
2) 지정된 수험자지참준비물 이외의 조리기구나 재료를 시험장내에 지참할 수 없습니다.
3) 지급재료는 시험 전 확인하여 이상이 있을 경우 시험위원으로부터 조치를 받고 시험 중에는 재료의 교환 및 추가지급은 하지 않습니다.
4) 요구사항의 규격은 "정도"의 의미를 포함하며, 지급된 재료의 크기에 따라 가감하여 채점합니다.
5) 위생상태 및 안전관리 사항을 준수합니다.
6) 다음 사항에 대해서는 채점대상에서 제외하니 특히 유의하시기 바랍니다.
　　가) 기권–수험자 본인이 시험 도중 시험에 대한 포기 의사를 표현하는 경우
　　나) 실격–(1) 가스레인지 화구 2개 이상(2개 포함) 사용한 경우
　　　　　　　(2) 불을 사용하여 만든 조리작품이 작품특성에 벗어나는 정도로 타거나 익지 않은 경우
　　　　　　　(3) 시험 중 시설·장비(칼, 가스레인지 등) 사용 시 감독위원 및 타수험자의 시험 진행에 위협이 될 것으로 감독위원 전원이 합의하여 판단한 경우
　　다) 미완성–(1) 시험시간 내에 과제 두 가지를 제출하지 못한 경우
　　　　　　　(2) 문제의 요구사항대로 과제의 수량이 만들어지지 않은 경우
　　라) 오작–(1) 구이를 찜으로 조리하는 등과 같이 조리방법을 다르게 한 경우
　　　　　　　(2) 해당과제의 지급재료 이외의 재료를 사용하거나 석쇠 등 요구사항의 조리도구를 사용하지 않은 경우
　　마) 요구사항에 표시된 실격, 미완성, 오작에 해당하는 경우
7) 항목별 배점은 위생상태 및 안전관리 5점, 조리기술 30점, 작품의 평가 15점입니다.

❶ 초밥초 끓이기

❷ 오이썰기

❸ 오이절이기

❹ 박고지 뜨거운 물에 담그기

❺ 박고지 조리기

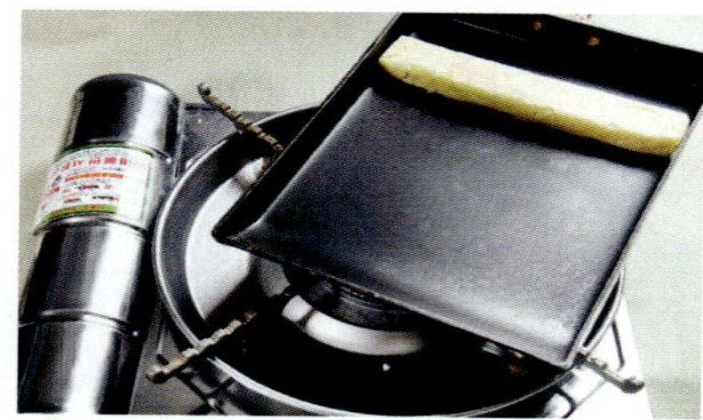

❻ 지단 부치기

❼ 지단 모양잡기

❽ 지단 썰기

❾ 김밥말기

❿ 김밥말기

⑪ 김밥말기

⑫ 썰어담기

 **만드는 법**

1 냄비에 식초 3T, 설탕 2T, 소금 1t를 넣어 살짝 끓여 초밥초를 만든다.

2 밥이 뜨거울 때 초밥초를 2T 넣어 나무주걱을 세워 고루 섞어 젖은 면포로 덮어둔다.

3 청차조기잎은 물에 담그고 통생강은 껍질을 벗기고 종이처럼 얇게 저며 끓는 소금물에 데친 후 초밥초에 담근다.

4 박고지는 뜨거운 물에 담그거나 삶아 부드럽게 만들고 오이는 씨있는 부분을 제거하고 1×1cm 두께로 길게 썰어 소금에 절인다.

5 박고지는 부드러워지면 물 1C, 설탕 1T, 간장 1T, 맛술 1TS을 넣고 국물이 없을 때까지 조린다.

6 달걀은 잘 풀어 소금, 설탕을 넣어 체에 내린 후 사각팬에 두께, 폭 1cm가 되도록 도톰하게 부쳐 김발에 넣어 모양을 잡아 1cm두께로 김길이 맞춰 자른다.

7 김을 살짝 구워 매끈한 면이 김발에 닿게 놓고 초밥을 김 크기의 3/4 정도가 되게 고루 편 후 달걀말이와 오이, 오보로, 박고지를 가지런히 놓고 밥의 끝과 끝이 닿게 살짝 당기며 말아 동그랗게 모양을 잡고 양끝의 밥을 안으로 밀어 넣어 정리한다.

8 김초밥을 똑같은 크기로 8등분으로 썬다.

9 접시에 김초밥을 가지런히 담고 접시 오른쪽에 청차조기잎을 깐 후 초생강을 담고 진간장을 곁들여낸다.

POINT

❖ 김밥 속 재료가 정 중앙에 오도록 말아 썰어 담는다.

❖ 초밥을 썰 때 칼날에 식촛물을 바르면서 썬다.

 시험시간 **20분**

문어초회

다꼬노 스노모노

재 료

문어다리 1개(생문어, 80g 정도)
레몬 1/4개
오이(가늘고 곧은 것, 20cm 정도) 1/2개
식초 30ml
간장 20ml
가다랑어포(가쓰오부시) 5g

건미역 5g
소금(정제염) 10g
건다시마(5×10cm) 1장
설탕 10g

요구사항

※ 주어진 재료를 사용하여 다음과 같이 문어초회를 만드시오.
1. 가다랑어국물을 만들어 양념초간장(도사스)을 만드시오.
2. 문어는 삶아 4~5cm 길이로 물결모양썰기(하조기리)를 하시오.
3. 미역은 손질하여 4~5cm 정도로 사용하시오.
4. 오이는 둥글게 썰거나 줄무늬(자바라)썰기 하여 사용하시오.
5. 문어 초회 접시에 오이와 문어를 담고 양념초간장(도사스)을 끼얹어 레몬으로 장식하시오.

수험자 유의사항

1) 만드는 순서에 유의하며, 위생과 숙련된 기능평가를 위하여 조리작업 시 맛을 보지 않습니다.
2) 지정된 수험자지참준비물 이외의 조리기구나 재료를 시험장내에 지참할 수 없습니다.
3) 지급재료는 시험 전 확인하여 이상이 있을 경우 시험위원으로부터 조치를 받고 시험 중에는 재료의 교환 및 추가지급은 하지 않습니다.
4) 요구사항의 규격은 "정도"의 의미를 포함하며, 지급된 재료의 크기에 따라 가감하여 채점합니다.
5) 위생상태 및 안전관리 사항을 준수합니다.
6) 다음 사항에 대해서는 채점대상에서 제외하니 특히 유의하시기 바랍니다.
   가) 기권-수험자 본인이 시험 도중 시험에 대한 포기 의사를 표현하는 경우
   나) 실격-(1) 가스레인지 화구 2개 이상(2개 포함) 사용한 경우
        (2) 불을 사용하여 만든 조리작품이 작품특성에 벗어나는 정도로 타거나 익지 않은 경우
        (3) 시험 중 시설·장비(칼, 가스레인지 등) 사용 시 감독위원 및 타수험자의 시험 진행에 위협이 될 것으로 감독위원 전원이 합의하여 판단한 경우
   다) 미완성-(1) 시험시간 내에 과제 두 가지를 제출하지 못한 경우
        (2) 문제의 요구사항대로 과제의 수량이 만들어지지 않은 경우
   라) 오작-(1) 구이를 찜으로 조리하는 등과 같이 조리방법을 다르게 한 경우
        (2) 해당과제의 지급재료 이외의 재료를 사용하거나 석쇠 등 요구사항의 조리도구를 사용하지 않은 경우
   마) 요구사항에 표시된 실격, 미완성, 오작에 해당하는 경우
7) 항목별 배점은 위생상태 및 안전관리 5점, 조리기술 30점, 작품의 평가 15점입니다.

① 다시마 가쓰오다시 끓이기

② 건미역 불리기

③ 오이자바라 만들기

④ 오이자바라 소금에 절이기

⑤ 문어 데칠물에 양념하기

⑥ 문어 삶기

⑦ 문어 물결무늬 썰기

⑧ 양념 초간장 끓여 식히기

⑨ 미역 데쳐 헹구기

⑩ 미역 김발에 말기

⑪ 미역썰기

⑫ 오이자바라 썰기

⑬ 그릇에 담기

⑭ 양념초간장 뿌리기

⑮ 완성하기

 ## 만드는 법

1 다시마는 젖은 면포로 닦아 찬물에 넣고 끓으면 건져 낸 후, 가다랑어포를 넣어 가라앉으면 면포에 걸러 다시마 가쓰오다시를 준비한다.

2 건미역은 물에 담가 불려 놓는다.

3 오이는 소금으로 비벼 씻어 오이두께의 2/3 정도 깊이로 어슷하게 칼집을 넣고 뒤집어 같은 방법으로 칼집(자바라기리)을 넣어 소금에 절인다.

4 문어는 끓는 물에 간장과 소금, 식초를 넣고 삶아 식힌다.

5 4의 손질한 문어는 빨판밑에 칼집을 넣고 껍질을 벗긴 후 물결모양을 내며 4~5cm로 일정하게 썬다.

6 냄비에 간장 1T, 식초 1.5T, 설탕 1/2T, 다시가쓰오물 3T을 넣어 살짝 끓여 양념 초간장을 끓여 식힌다.

7 미역은 끓는 물에 데쳐 찬물에 식힌 후 줄기를 제거하고 김발을 이용해서 말아 4cm 길이로 썬다.

8 오이 자바라는 물기를 꼭 짜 양끝 부분을 자르고 3cm 정도 길이로 잘라 비틀어 칼집모양이 선명하게 만들어 준비한다.

9 완성 그릇에 문어와 미역, 오이, 레몬 등을 모두 담고 양념 초간장을 고루 끼얹어 완성한다.

POINT

❖ 해삼초회의 소스와 헛갈리지 않게 주의한다. 문어는 삶은 다음에 빨판밑에 껍질을 제거하는 것이 좋다.

❖ 문어는 너무 오래 삶으면 질기므로 시간 조절을 잘해야 한다(굵기에 따라 삶는 시간이 다름).

 시험시간 **20분**

• 일식 실기 •

소고기 간장구이

규우니쿠노테리야끼

재 료

쇠고기(등심, 덩어리) 160g
통생강 30g
진간장 50ml
청주 50ml
식용유 100ml
맛술(미림) 50ml
데리야끼 소스
(설탕 2T, 간장 2T, 청주 2TS, 맛술 3TS, 다시물 4TS)

건다시마(5×10cm) 1장
검은 후춧가루 5g
산초가루 3g
소금(정제염) 20g
설탕 30g
깻잎 1장

요구사항

※ 주어진 재료를 사용하여 다음과 같이 소고기 간장 구이를 만드시오.
1. 양념간장(다래)과 생강채(하리쇼가)를 준비하시오.
2. 쇠고기를 두께 1.5cm, 길이 3cm로 자르시오.
3. 프라이팬에 구이를 한 다음 양념간장(다래)을 발라 완성하시오.

수험자 유의사항

1) 만드는 순서에 유의하며, 위생과 숙련된 기능평가를 위하여 조리작업 시 맛을 보지 않습니다.
2) 지정된 수험자지참준비물 이외의 조리기구나 재료를 시험장내에 지참할 수 없습니다.
3) 지급재료는 시험 전 확인하여 이상이 있을 경우 시험위원으로부터 조치를 받고 시험 중에는 재료의 교환 및 추가지급은 하지 않습니다.
4) 요구사항의 규격은 "정도"의 의미를 포함하며, 지급된 재료의 크기에 따라 가감하여 채점합니다.
5) 위생상태 및 안전관리 사항을 준수합니다.
6) 다음 사항에 대해서는 채점대상에서 제외하니 특히 유의하시기 바랍니다.
　가) 기권−수험자 본인이 시험 도중 시험에 대한 포기 의사를 표현하는 경우
　나) 실격−(1) 가스레인지 화구 2개 이상(2개 포함) 사용한 경우
　　　　　　(2) 불을 사용하여 만든 조리작품이 작품특성에 벗어나는 정도로 타거나 익지 않은 경우
　　　　　　(3) 시험 중 시설·장비(칼, 가스레인지 등) 사용 시 감독위원 및 타수험자의 시험 진행에 위협이 될 것으로 감독위원 전원이 합의하여 판단한 경우
　다) 미완성−(1) 시험시간 내에 과제 두 가지를 제출하지 못한 경우
　　　　　　(2) 문제의 요구사항대로 과제의 수량이 만들어지지 않은 경우
　라) 오작−(1) 구이를 찜으로 조리하는 등과 같이 조리방법을 다르게 한 경우
　　　　　　(2) 해당과제의 지급재료 이외의 재료를 사용하거나 석쇠 등 요구사항의 조리도구를 사용하지 않은 경우
　마) 요구사항에 표시된 실격, 미완성, 오작에 해당하는 경우
7) 항목별 배점은 위생상태 및 안전관리 5점, 조리기술 30점, 작품의 평가 15점입니다.

❶ 다시마 다시 끓이기

❷ 소고기 손질하기

❸ 소고기 소금간하기

❹ 데리야끼소스 만들기

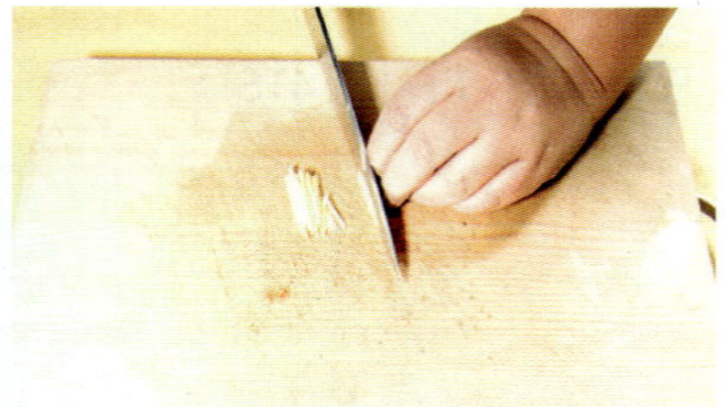

❺ 생강 가늘게 채썰기

❻ 생강채 물에 담그기

❼ 소고기 굽기

❽ 양념 발라굽기

❾ 소고기 썰기

❿ 담기

⓫ 소스 뿌리기

⓬ 산초가루 뿌리기

⓭ 생강 곁들이기

 **만드는 법**

1 다시마와 물을 넣어 끓어오르면 다시마를 건져내어 다시마다시를 준비한다.

2 소고기는 1.5cm 두께로 썰어 연육과 성형(완성품 1.5cm)하여 소금, 후추를 뿌린다.

3 냄비에 설탕 2T, 간장 2T, 청주 2TS, 맛술 3TS, 다시물 4TS을 넣고 절반이 되도록 졸여 데리야끼소스를 만든다.

4 생강은 가늘게 채 썰어(하리쇼가) 찬물에 담가 놓는다.

5 팬에 기름을 두르고 소고기를 넣어 50~60% 정도 익힌다.

6 5에 데리야끼소스를 발라 쇠고기 미디움으로 익힌다.

7 소고기 어슷하게 3cm 크기로 썰어 접시에 깻잎을 깔고 담아 남은 소스를 살짝 끼얹는다.

8 접시 한옆에 생강을 곁들여 담고, 소고기위에 산초가루를 뿌려 완성한다.

POINT

❖ 고기는 처음 구울 때 너무 약한 불에서 구우면 수분이 빠지고 질겨지므로 센불에서 겉면만 약간 색이 나게 익히고 양념장을 바르면서 약한 불에서 미디움으로 익힌다.

시험시간 **30분**

도미냄비

타이지리

재 료

도미(140~150g) 1마리
레몬 1/4개
대파(흰부분, 10cm) 1토막
당근(둥근 모양으로 잘라서 지급) 60g
생표고(1개) 20g
팽이버섯 30g
실파(1뿌리) 20g
소금(정제염) 10g
식초 30ml
맛술(미림) 20ml

건다시마(5×10cm) 1장
배추 70g
무 110g
판두부 60g
죽순 50g
쑥갓 30g
청주 20ml
진간장 30ml
고춧가루(고운 것) 5g

요구사항

※ 주어진 재료를 사용하여 다음과 같이 도미냄비를 만드시오.
1. 손질한 도미를 5~6cm로 자르고 머리는 반으로 갈라 소금을 뿌리시오.
2. 머리와 꼬리는 데친 후 불순물을 제거하시오.
3. 무는 은행잎, 당근은 매화 모양으로 만들어 익혀내시오.
4. 초간장(폰즈)과 양념(야꾸미)을 만들어 내시오.

수험자 유의사항

1) 만드는 순서에 유의하며, 위생과 숙련된 기능평가를 위하여 조리작업 시 맛을 보지 않습니다.
2) 지정된 수험자지참준비물 이외의 조리기구나 재료를 시험장내에 지참할 수 없습니다.
3) 지급재료는 시험 전 확인하여 이상이 있을 경우 시험위원으로부터 조치를 받고 시험 중에는 재료의 교환 및 추가지급은 하지 않습니다.
4) 요구사항의 규격은 "정도"의 의미를 포함하며, 지급된 재료의 크기에 따라 가감하여 채점합니다.
5) 위생상태 및 안전관리 사항을 준수합니다.
6) 다음 사항에 대해서는 채점대상에서 제외하니 특히 유의하시기 바랍니다.
　가) 기권-수험자 본인이 시험 도중 시험에 대한 포기 의사를 표현하는 경우
　나) 실격-(1) 가스레인지 화구 2개 이상(2개 포함) 사용한 경우
　　　　　(2) 불을 사용하여 만든 조리작품이 작품특성에 벗어나는 정도로 타거나 익지 않은 경우
　　　　　(3) 시험 중 시설·장비(칼, 가스레인지 등) 사용 시 감독위원 및 타수험자의 시험 진행에 위협이 될 것으로 감독위원 전원이 합의하여 판단한 경우
　다) 미완성-(1) 시험시간 내에 과제 두 가지를 제출하지 못한 경우
　　　　　　(2) 문제의 요구사항대로 과제의 수량이 만들어지지 않은 경우
　라) 오작-(1) 구이를 찜으로 조리하는 등과 같이 조리방법을 다르게 한 경우
　　　　　(2) 해당과제의 지급재료 이외의 재료를 사용하거나 석쇠 등 요구사항의 조리도구를 사용하지 않은 경우
　마) 요구사항에 표시된 실격, 미완성, 오작에 해당하는 경우
7) 항목별 배점은 위생상태 및 안전관리 5점, 조리기술 30점, 작품의 평가 15점입니다.

❶ 도미 자르기

❷ 도미 몸통 3장 뜨기

❸ 도미 꼬리 다듬기

❹ 손질한 도미에 소금 뿌리기

❺ 도미 끓는물에 데치기

❻ 무, 당근, 배추말이 준비하기

❼ 두부 썰기

❽ 죽순 썰기

❾ 표고 모양내기

❿ 냄비에 재료담기

⓫ 육수 넣어 끓이기

⓬ 폰즈만들기

⓭ 야꾸미 준비

⓮ 야꾸미, 폰즈 곁들이기

만드는 법

1 다시마와 물을 넣어 끓어오르면 다시마를 건져내어 다시마다시를 준비한다.

2 도미는 비늘을 제거하고 배에 칼집을 넣어 아가미와 내장을 제거한 후 머리, 몸통, 꼬리를 5~6cm로 3등분한다.

3 머리는 반으로 가르고 몸통은 3장 뜨기하여 살만 포를 떠서 칼집 넣고 꼬리는 ×자로 칼집을 넣은 후 지느러미를 V자로 모양낸다. 손질한 도미에 소금을 골고루 뿌려 놓았다가 끓는 물에 데쳐서 불순물 한 번 더 제거한다.

4 쑥갓잎은 찬물에 담가 두고, 줄기는 끓는 물에 데친다.

5 무는 은행잎 모양 다듬고, 당근은 매화꽃 모양을 만들어 끓는 물에 데쳐내고 배추도 데쳐낸 후 쑥갓줄기 데친 것을 얹어 지름 3cm 정도의 굵기로 말아 가장자리를 잘라내고 가운데를 어슷하게 잘라 준비한다.

6 두부는 길이 4cm에 2×2cm 크기로 썰어 준비하고 대파는 어슷하게 썬다. 죽순은 0.3cm 두께로 빗살모양을 살려 썰고, 생표고는 기둥을 떼고 위쪽에 별 모양으로 칼집을 내어 준비한다. 팽이버섯은 붙어 있는 밑둥을 다듬어 준비한다.

7 냄비에 두부, 배추말이, 무, 당근을 담고 그 앞에 죽순, 대파, 표고버섯을 담고 맨 앞에 도미 손질한 것을 놓는다.

8 다시물 2~3C, 소금 ½t, 청주 1TS, 맛술 1TS을 섞은 것을 **6**의 재료가 반쯤 잠길만큼 고루 넣은 후 끓으며 중간에 거품을 잘 제거한다.

9 다시물 1TS, 간장 1TS, 식초 1TS를 잘 섞어 폰즈소스를 만든다.

10 무는 강판에 갈아 물기를 짠 후 고운 고춧가루를 넣어 붉은 색을 내고, 실파는 송송 썰어 물에 헹궈 물기를 제거한다. 레몬은 가장자리를 다듬어 야꾸미를 준비한다.

11 쑥갓과 팽이버섯을 **7**에 넣고 살짝 더 익힌 후 꺼내어 야꾸미, 폰즈소스와 함께 제출한다.

POINT

❖ 도미 다 익을 때까지 끓여 줄 것!

❖ 처음부터 국물을 많이 넣으면 재료가 흐트러질 수 있으므로 반 쯤 잠기게 넣고 국물양이 적으면 더 넣고 살짝 끓여 낸다.

시험시간 30분

달걀찜

자완무시

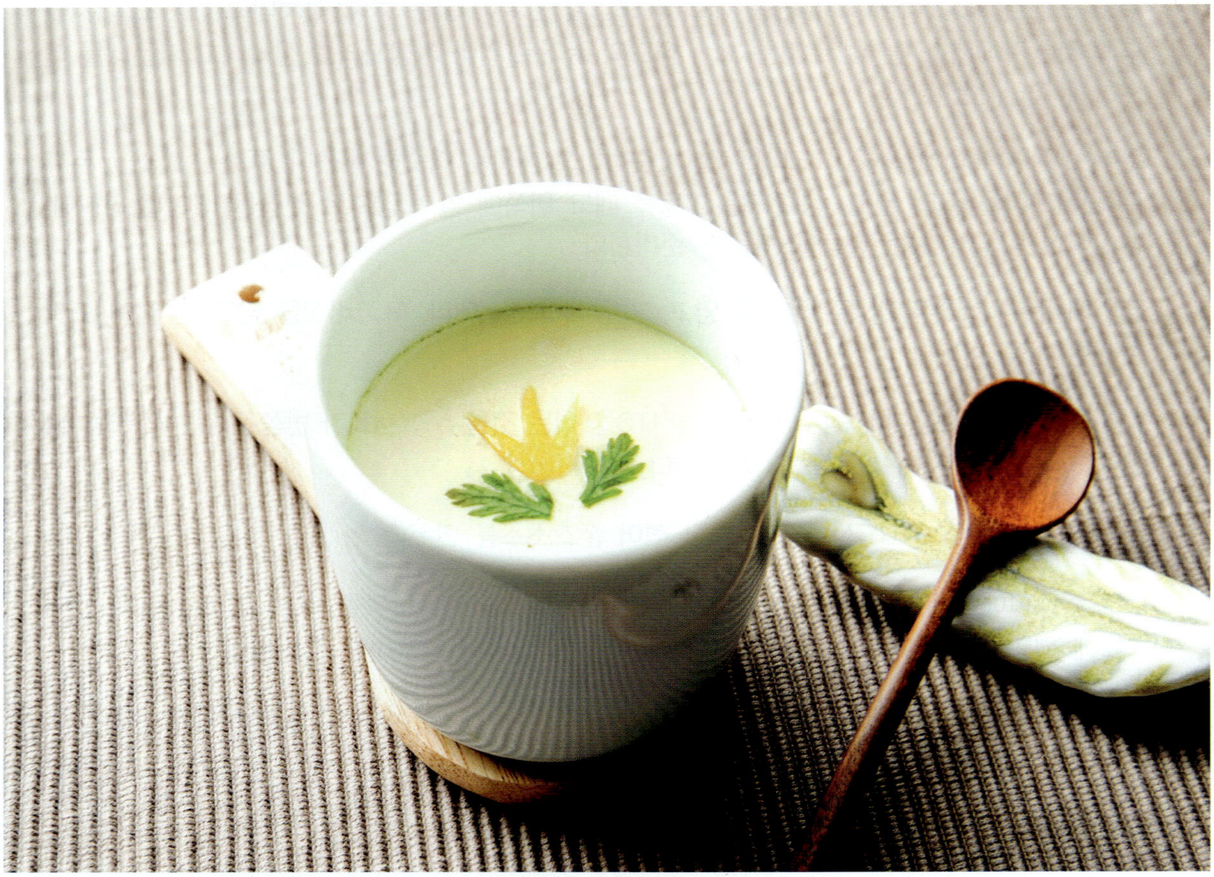

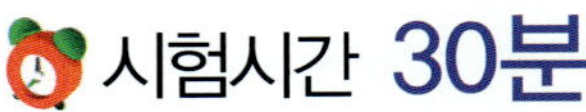

재 료

달걀 1개
어묵 15g
밤 1/2개
가다랑어포(가쓰오부시) 10g
흰생선살 20g
간장 10ml
청주 10ml
죽순 10g
이쑤시개 1개

잔새우(6~7cm 정도) 1마리
생표고 1/2개
닭고기살 20g
은행(겉껍질 깐 것) 2개
쑥갓 10g
소금 5g
레몬 1/4개
건다시마(5×10cm) 1장
맛술(미림) 10ml

요구사항

※ 주어진 재료를 사용하여 다음과 같이 달걀찜을 만드시오.
1. 찜 속재료는 각각 썰어 간 하시오.
2. 나중에 넣을 것과 처음에 넣을 것을 구분하시오.
3. 가다랑어포로 다시(국물)를 만들어 식혀서 달걀과 섞으시오.

수험자 유의사항

1) 만드는 순서에 유의하며, 위생과 숙련된 기능평가를 위하여 조리작업 시 맛을 보지 않습니다.
2) 지정된 수험자지참준비물 이외의 조리기구나 재료를 시험장내에 지참할 수 없습니다.
3) 지급재료는 시험 전 확인하여 이상이 있을 경우 시험위원으로부터 조치를 받고 시험 중에는 재료의 교환 및 추가지급은 하지 않습니다.
4) 요구사항의 규격은 "정도"의 의미를 포함하며, 지급된 재료의 크기에 따라 가감하여 채점합니다.
5) 위생상태 및 안전관리 사항을 준수합니다.
6) 다음 사항에 대해서는 채점대상에서 제외하니 특히 유의하시기 바랍니다.
　가) 기권-수험자 본인이 시험 도중 시험에 대한 포기 의사를 표현하는 경우
　나) 실격-(1) 가스레인지 화구 2개 이상(2개 포함) 사용한 경우
　　　　　(2) 불을 사용하여 만든 조리작품이 작품특성에 벗어나는 정도로 타거나 익지 않은 경우
　　　　　(3) 시험 중 시설·장비(칼, 가스레인지 등) 사용 시 감독위원 및 타수험자의 시험 진행에 위협이 될 것으로 감독위원 전원이 합의하여 판단한 경우
　다) 미완성-(1) 시험시간 내에 과제 두 가지를 제출하지 못한 경우
　　　　　　(2) 문제의 요구사항대로 과제의 수량이 만들어지지 않은 경우
　라) 오작-(1) 구이를 찜으로 조리하는 등과 같이 조리방법을 다르게 한 경우
　　　　　(2) 해당과제의 지급재료 이외의 재료를 사용하거나 석쇠 등 요구사항의 조리도구를 사용하지 않은 경우
　마) 요구사항에 표시된 실격, 미완성, 오작에 해당하는 경우
7) 항목별 배점은 위생상태 및 안전관리 5점, 조리기술 30점, 작품의 평가 15점입니다.

① 다시마 가쓰오다시 끓이기

② 다시마 가쓰오다시 거르기

③ 부재료 썰기

④ 닭살 양념하기

⑤ 생선살 양념하기

⑥ 밤 굽기

⑦ 표고, 죽순, 어묵 데치기

⑧ 닭살과 생선살 데치기

⑨ 달걀물 양념하기

⑩ 달걀물 체에 내리기

⑪ 부재료 담고 달걀물 붓기

⑫ 중탕으로 익히기

⑬ 쑥갓, 오리발 올리기

⑭ 완성하기

 ## 만드는 법

1 다시마는 젖은 면포로 닦아 찬물에 넣고 끓으면 건져 낸 후, 가다랑어포를 넣어 가라앉으면 면포에 걸러 다시마 가쓰오다시를 준비한다.

2 쑥갓은 연한 속잎을 잘라 찬물에 담가놓고, 레몬은 껍질을 오리발 모양으로 포를 뜬다.

3 닭고기와 생선살은 1cm×1cm 크기로 썰어 닭고기는 간장, 청주로, 흰살생선은 소금, 청주로 밑간하여 준비하고 잔새우는 내장을 제거하여 준비한다.

4 표고버섯과 죽순, 어묵은 1cm×1cm 크기로 썰고, 밤은 구워 1cm×1cm 크기로 썬다.

5 끓는 물에 손질한 야채와 은행을 데치고 닭고기, 생선살, 잔새우를 데친 다음 껍질을 벗겨 1cm 크기로 썰어 놓는다.

6 달걀은 잘 풀어 소금, 청주, 맛술 1t로 간하고 가쓰오다시물 2/3C을 섞어 고운체에 내려 준비한다.

7 데친 재료를 찜 그릇에 담고 달걀물을 그릇 가장자리를 따라 조심스럽게 붓고 뚜껑을 덮어 10분간 중탕하여 익힌다. 오리발모양의 레몬 껍질과 쑥갓을 얹어 1분간 더 찜한 후 다 익었는지 확인하고 꺼낸다.

 **POINT**

❖ 온도와 찜하는 시간을 잘 지켜야 한다.

 시험시간 **20분**

해삼초회

다마꼬노 스노모노

재 료

해삼(fresh) 100g
오이(가늘고 곧은 것, 20cm 정도) 1/2개
실파(1뿌리) 20g
레몬 1/4개
건다시마(5×10cm) 1장
가다랑어포(가쓰오부시) 10g
고춧가루(고운 것) 5g

건미역 5g
무 20g
소금(정제염) 5g
식초 15ml
진간장 15ml

요구사항

※ 주어진 재료를 사용하여 다음과 같이 해삼초회를 만드시오.
1. 오이를 둥글게 썰거나 줄무늬(자바라)썰기 하여 사용하시오.
2. 미역을 손질하여 4~5cm 정도로 써시오.
3. 해삼은 내장과 모래가 없도록 손질하고 힘줄(스지)을 제거하시오.
4. 빨간 무즙(아까오로시/모미지오로시)과 실파를 준비하시오.
5. 초간장(폰즈)을 끼얹어 내시오.

수험자 유의사항

1) 만드는 순서에 유의하며, 위생과 숙련된 기능평가를 위하여 조리작업 시 맛을 보지 않습니다.
2) 지정된 수험자지참준비물 이외의 조리기구나 재료를 시험장내에 지참할 수 없습니다.
3) 지급재료는 시험 전 확인하여 이상이 있을 경우 시험위원으로부터 조치를 받고 시험 중에는 재료의 교환 및 추가지급은 하지 않습니다.
4) 요구사항의 규격은 "정도"의 의미를 포함하며, 지급된 재료의 크기에 따라 가감하여 채점합니다.
5) 위생상태 및 안전관리 사항을 준수합니다.
6) 다음 사항에 대해서는 채점대상에서 제외하니 특히 유의하시기 바랍니다.
　가) 기권 – 수험자 본인이 시험 도중 시험에 대한 포기 의사를 표현하는 경우
　나) 실격 – (1) 가스레인지 화구 2개 이상(2개 포함) 사용한 경우
　　　　　　 (2) 불을 사용하여 만든 조리작품이 작품특성에 벗어나는 정도로 타거나 익지 않은 경우
　　　　　　 (3) 시험 중 시설·장비(칼, 가스레인지 등) 사용 시 감독위원 및 타수험자의 시험 진행에 위협이 될 것으로 감독위원 전원이 합의하여 판단한 경우
　다) 미완성 – (1) 시험시간 내에 과제 두 가지를 제출하지 못한 경우
　　　　　　　 (2) 문제의 요구사항대로 과제의 수량이 만들어지지 않은 경우
　라) 오작 – (1) 구이를 찜으로 조리하는 등과 같이 조리방법을 다르게 한 경우
　　　　　　 (2) 해당과제의 지급재료 이외의 재료를 사용하거나 석쇠 등 요구사항의 조리도구를 사용하지 않은 경우
　마) 요구사항에 표시된 실격, 미완성, 오작에 해당하는 경우
7) 항목별 배점은 위생상태 및 안전관리 5점, 조리기술 30점, 작품의 평가 15점입니다.

 ① 다시마 가쓰오다시 끓이기

 ② 미역 불리기

 ③ 미역 데치기

 ④ 오이 자바라 칼집 넣어 절이기

 ⑤ 오이 자바라 썰기

 ⑥ 미역 김발에 말기

 ⑦ 미역썰기

 ⑧ 소스만들기

 ⑨ 야꾸미 만들기

 ⑩ 해삼 내장 제거하기

 ⑪ 양끝자르기

 ⑫ 물에 씻기

 ⑬ 한입 크기로 썰기

 ⑭ 그릇에 담기

 ⑮ 소스 뿌리기

 ## 만드는 법

1 해삼은 연한 소금물에 담가 놓는다.

2 다시마는 젖은 면포로 닦아 찬물에 넣고 끓으면 건져 낸 후, 가다랑어포를 넣어 가라앉으면 면포에 걸러 가쓰오 다시를 준비한다.

3 미역은 물에 담가 불린 후 소금물에 살짝 데쳐 찬물에 헹군다.

4 오이는 소금으로 문질러 씻어 양쪽 면에 각각 2/3 정도의 깊이로 어슷하게 칼집을 촘촘히 넣은 후 소금물에 절여둔다.

5 오이가 절여 지면 3cm 길이로 3~4쪽 썰고 미역은 김발에 둥글게 말아 4~5cm로 썬다.

6 다시물 1T, 식초 1T, 간장 1T 섞어 폰즈 소스를 만든다.

7 무를 강판에 갈아서 찬물에 씻어 살짝 짠 다음 고운 고춧가루를 섞고, 실파 송송썬 것과 반달 모양으로 썬 레몬을 곁들여 야꾸미를 만든다.

8 해삼은 소금으로 주물러 씻어 배 쪽에 칼집을 넣고 내장을 제거한 후 양 끝을 잘라내고 씻은 후 먹기 좋은 크기로 썬다.

9 완성그릇에 미역, 오이를 뒤쪽에 담고 앞쪽에 해삼을 담은 후 야꾸미를 곁들이고 폰즈소스를 끼얹어 완성한다.

POINT

❖ 미역을 오래 데치면 흐물흐물해 지므로 주의한다.

❖ 해삼을 도마에 탁탁 던지듯이 치면 늘어져 있던 살이 오그라들면서 탄력이 생긴다.

❖ 완성그릇에 담을 때는 주재료가 접시의 앞쪽에 놓이도록 담는다.

❖ 해삼을 빨리 손질해 놓으면 해삼이 끈적하게 녹아 내린다.

 시험시간 **30분**

소고기 덮밥

규니꾸노 돈부리

시험시간 **30분**

재 료

쇠고기(등심) 60g
실파(1뿌리) 20g
달걀 1개
진간장 15ml
백설탕 10g
소금(정제염) 2g
가다랑어포(가쓰오부시) 10g

양파(중, 150g 정도) 1/3개
팽이버섯 10g
김 1/4장
건다시마(5×10cm) 1장
맛술(미림) 15ml
밥(뜨거운 밥) 120g

요구사항

※ 주어진 재료를 사용하여 다음과 같이 소고기 덮밥을 만드시오.
1. 덮밥용 양념간장(돈부리 다시)을 만들어 사용하시오.
2. 고기, 채소, 달걀은 재료 특성에 맞게 조리하여 준비한 밥 위에 올려놓으시오.
3. 김을 구워 칼로 잘게 썰어(하리노리) 사용하시오.

수험자 유의사항

1) 만드는 순서에 유의하며, 위생과 숙련된 기능평가를 위하여 조리작업 시 맛을 보지 않습니다.
2) 지정된 수험자지참준비물 이외의 조리기구나 재료를 시험장내에 지참할 수 없습니다.
3) 지급재료는 시험 전 확인하여 이상이 있을 경우 시험위원으로부터 조치를 받고 시험 중에는 재료의 교환 및 추가지급은 하지 않습니다.
4) 요구사항의 규격은 "정도"의 의미를 포함하며, 지급된 재료의 크기에 따라 가감하여 채점합니다.
5) 위생상태 및 안전관리 사항을 준수합니다.
6) 다음 사항에 대해서는 채점대상에서 제외하니 특히 유의하시기 바랍니다.
   가) 기권－수험자 본인이 시험 도중 시험에 대한 포기 의사를 표현하는 경우
   나) 실격－(1) 가스레인지 화구 2개 이상(2개 포함) 사용한 경우
       (2) 불을 사용하여 만든 조리작품이 작품특성에 벗어나는 정도로 타거나 익지 않은 경우
       (3) 시험 중 시설·장비(칼, 가스레인지 등) 사용 시 감독위원 및 타수험자의 시험 진행에 위협이 될 것으로 감독위원 전원이 합의하여 판단한 경우
   다) 미완성－(1) 시험시간 내에 과제 두 가지를 제출하지 못한 경우
       (2) 문제의 요구사항대로 과제의 수량이 만들어지지 않은 경우
   라) 오작－(1) 구이를 찜으로 조리하는 등과 같이 조리방법을 다르게 한 경우
       (2) 해당과제의 지급재료 이외의 재료를 사용하거나 석쇠 등 요구사항의 조리도구를 사용하지 않은 경우
   마) 요구사항에 표시된 실격, 미완성, 오작에 해당하는 경우
7) 항목별 배점은 위생상태 및 안전관리 5점, 조리기술 30점, 작품의 평가 15점입니다.

① 다시마 가쓰오다시 끓이기

② 다시마 가쓰오다시 거르기

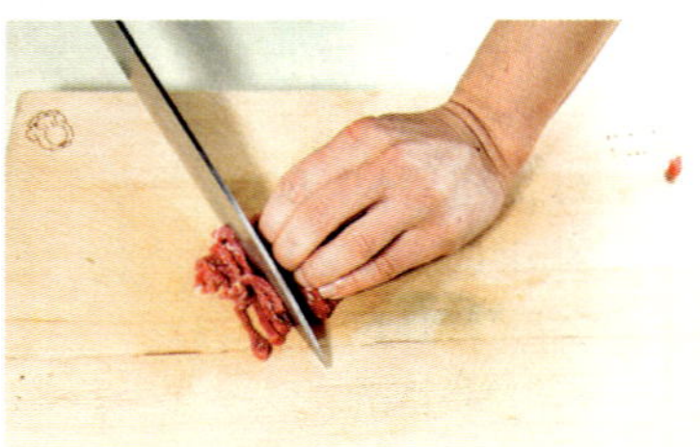

③ 소고기 얇게 썰기

④ 소고기 핏물제거하기

⑤ 양파 채썰기

⑥ 실파 · 팽이버섯 썰기

⑦ 달걀 풀기

⑧ 김굽기

⑨ 김 채썰기

⑩ 고기 넣어 익히기

⑪ 거품 제거하기

⑫ 양파넣기

⑬ 달걀물 끼얹기

⑭ 밥위에 얹기

⑮ 김 얹어 완성하기

 ## 만드는 법

1 다시마는 젖은 면포로 닦아 찬물에 넣고 끓으면 건져 낸 후, 가다랑어포를 넣어 가라앉으면 면포에 걸러 다시마 가쓰오다시를 준비한다.

2 쇠고기 얇게 4×1cm 정도로 결반대로 얇게 썰어 키친타월에 깔아 핏물 제거한다.

3 양파는 4cm 길이로 가늘게 채썬다. 실파와 팽이버섯도 4cm 길이로 썬다.

4 달걀은 알끈을 제거하고 소금을 넣어 고루 풀어놓는다.

5 김은 살짝 구워 가늘게 채 썰어(하리노리) 놓는다.

6 완성그릇에 밥을 2/3 정도 담고 윗면을 고르게 다듬어 놓는다.

7 팬에 가쓰오다시 2/3C, 맛술 1T, 간장 1T, 설탕 1t, 소금을 넣어 끓으면 쇠고기를 넣고 익히며 거품을 제거한다. 양파를 넣고 끓어오르면 팽이버섯과 실파를 넣고 달걀물을 원을 그리며 고루 끼얹어준다.

8 달걀이 반숙이 되면 불을 끄고 밥 위에 얹은 후 채썬 김(하리노리)을 올려 완성한다.

 **POINT**

❖ 덮밥 국물을 너무 많이 넣어 끓이지 않는다.

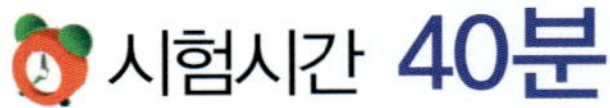 시험시간 **40분**

• 일식 실기

꼬치 냄비

구시나베

재 료

어묵(사각형, 완자, 구멍난 것) 180g
당근(둥근 모양으로 잘라서 지급) 60g
쑥갓 30g
가다랑어포(가쓰오부시) 10g
청주 15ml
대꼬챙이(20cm 정도) 2개
달걀(삶은 것) 1개
유부 2장
실파(2뿌리) 40g
당면 10g

판곤약 50g
무 70g
건다시마(5×10cm) 1장
진간장 30ml
맛술(미림) 15ml
소금(정제염) 2g
겨자가루 10g
쇠고기 30g
목이버섯 5g
배추(1/2장) 50g

식용유 30ml
검은후춧가루 5g

요구사항

※ 주어진 재료를 사용하여 다음과 같이 꼬치냄비를 만드시오.
1. 어묵(오뎅)은 용도에 맞게 자르시오(단, 사각형으로 된 오뎅은 5cm 정도로 잘라 사용한다).
2. 다시마는 매듭을 만들고, 당근은 매화꽃 모양으로 만드시오.
3. 곤약은 길이 7cm, 폭 3cm 정도 잘라서 꼬인 상태로 만들어 사용하시오.
   꼬인 상태 :
4. 소고기, 실파, 목이버섯, 당면, 배추, 당근으로 일본식 잡채를 만들어 유부주머니(후꾸로)에 넣어 데친 실파로 묶으시오.
5. 겨자와 간장을 함께 곁들이시오.

수험자 유의사항

1) 만드는 순서에 유의하며, 위생과 숙련된 기능평가를 위하여 조리작업 시 맛을 보지 않습니다.
2) 지정된 수험자지참준비물 이외의 조리기구나 재료를 시험장내에 지참할 수 없습니다.
3) 지급재료는 시험 전 확인하여 이상이 있을 경우 시험위원으로부터 조치를 받고 시험 중에는 재료의 교환 및 추가지급은 하지 않습니다.
4) 요구사항의 규격은 "정도"의 의미를 포함하며, 지급된 재료의 크기에 따라 가감하여 채점합니다.
5) 위생상태 및 안전관리 사항을 준수합니다.
6) 다음 사항에 대해서는 채점대상에서 제외하니 특히 유의하시기 바랍니다.
   가) 기권 – 수험자 본인이 시험 도중 시험에 대한 포기 의사를 표현하는 경우
   나) 실격 – (1) 가스레인지 화구 2개 이상(2개 포함) 사용한 경우
       (2) 불을 사용하여 만든 조리작품이 작품특성에 벗어나는 정도로 타거나 익지 않은 경우
       (3) 시험 중 시설·장비(칼, 가스레인지 등) 사용 시 감독위원 및 타수험자의 시험 진행에 위협이 될 것으로 감독위원 전원이 합의하여 판단한 경우
   다) 미완성 – (1) 시험시간 내에 과제 두 가지를 제출하지 못한 경우
       (2) 문제의 요구사항대로 과제의 수량이 만들어지지 않은 경우
   라) 오작 – (1) 구이를 찜으로 조리하는 등과 같이 조리방법을 다르게 한 경우
       (2) 해당과제의 지급재료 이외의 재료를 사용하거나 석쇠 등 요구사항의 조리도구를 사용하지 않은 경우
   마) 요구사항에 표시된 실격, 미완성, 오작에 해당하는 경우
7) 항목별 배점은 위생상태 및 안전관리 5점, 조리기술 30점, 작품의 평가 15점입니다.

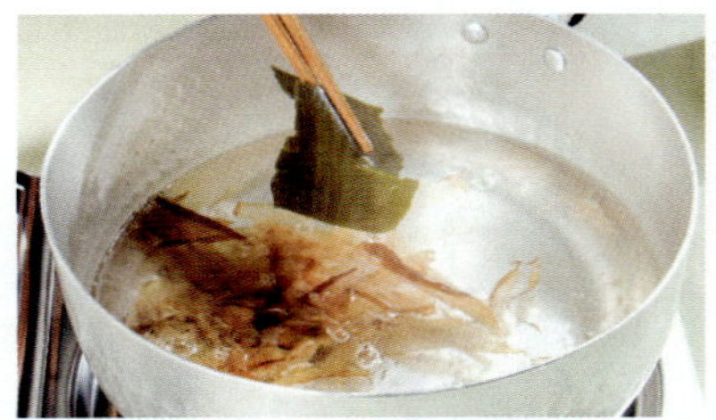

❶ 다시마 가쓰오다시 끓이기

❷ 당근-매화 모양

❸ 무 손질하기

❹ 어묵 데치기

❺ 꼬치에 끼우기

❻ 다시마 매듭만들기

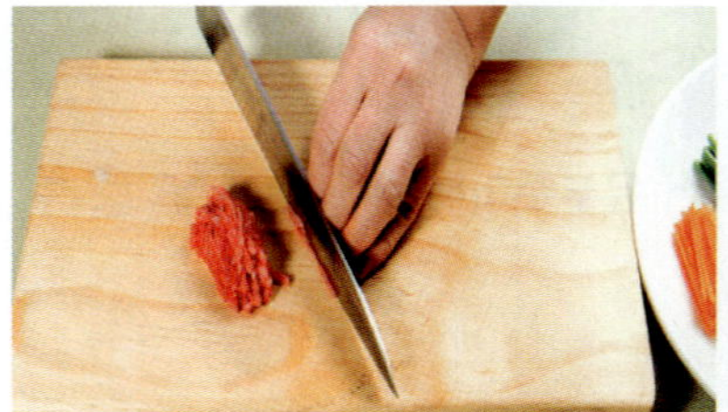

❼ 잡채-소고기 채썰기

❽ 잡채 볶기

❾ 유부주머니 만들기

❿ 달걀 등 재료 조리기

⓫ 국물 부어 끓이기

⓬ 완성하기

 **만드는 법**

1 다시마는 젖은 면포로 닦아 찬물에 넣고 끓으면 건져 낸 후, 가다랑어포를 넣어 가라앉으면 면포에 걸러 다시마 가쓰오다시를 준비한다.

2 40℃의 따뜻한 물 2t에 겨자 1T을 개어 뜨거운 냄비 뚜껑 위에 덮어 놓아 발효시키고, 더운물에 당면을 불려놓는다.

3 쑥갓은 찬물에 담가두고, 목이버섯은 물에 불린다.

4 당근은 벚꽃 모양으로 다듬어 0.7cm 두께로 썬다.

5 곤약은 3×7×0.6cm로 자른다.

6 무는 모서리를 다듬어 3cm 크기 밤톨 모양으로 만들어 준비한다.

7 사각어묵, 구멍난 어묵은 5cm 크기로 썰어 준비하고 유부는 윗부분을 잘라 주머니를 만든다.

8 끓는 물에 당근, 무, 곤약, 실파잎, 유부, 어묵을 데쳐낸다.

9 데쳐낸 곤약은 가운데 칼집을 넣고 꼬인 상태를 만든다.

10 데쳐낸 어묵은 꼬치에 꽂는다(2개).

11 다시를 끓이고 건져낸 다시마는 1×10cm로 썰어 매듭을 만든다.

12 유부주머니 만들기(유부를 무 곤약 조릴 때 살짝 조려서 사용)
   • 쇠고기는 5cm 길이에 0.2cm로 채썬다.
   • 배추, 당근은 5cm 길이에 0.2로 채썰고 남은 실파도 5cm 길이로 잘라 준비한다.
   • 목이버섯은 불려 채 썰고, 당면은 불려 삶아 5cm 길이로 잘라 준비한다.
   • 달군 팬에 기름을 두르고 고기, 배추, 당근, 실파, 목이, 당면순으로 넣어 볶으며 간장을 약간 넣어 간을 하여 접시에 담아놓는다.
   • 유부에 잡채를 넣고 데친 실파로 끝을 묶는다.

13 냄비에 다시가쓰오물 1C, 간장 2T을 넣고 무, 곤약, 달걀을 넣어 색이 나게 조린다.

14 달걀은 반으로 가르고, 준비된 재료를 냄비에 돌려 담는다.

15 14에 다시가쓰오물 2~3C, 맛술 1T, 간장 1t, 청주 1T, 소금 1/2t을 넣어 끓이면서 거품을 걷어 내고 불을 끄면서 쑥갓을 넣는다.

16 겨자와 간장을 함께 곁들여 낸다.

✏ POINT

❖ 꼬치냄비의 참맛은 시원한 국물이므로 불조절을 잘 하여 각종 재료의 맛이 충분히 우러 나오도록 끓으면 약불에서 서서히 끓여준다.

❖ 간장은 색을 보면서 넣는다.

튀김두부

아게다시도후

재 료

연두부(300g 정도) 1모
녹말가루(감자전분) 100g
무 100g
가다랑어포(가쓰오부시) 10g
식용유 500ml

실파(1뿌리) 20g
김 1/4장
건다시마(5×10cm) 1장
간장 50ml
맛술(미림) 50ml

요구사항

※ 주어진 재료를 사용하여 다음과 같이 튀김두부를 만드시오.
1. 가다랑어국물(가쓰오다시)을 뽑아서 튀김다시(덴다시)를 만드시오.
2. 연두부의 물기를 제거하고 4cm×5cm×4cm 정도로 썰어 튀기시오.
3. 무즙(오로시), 실파, 채썬 김(하리노리)으로 양념(야꾸미)을 만드시오.
4. 튀김두부 3개를 그릇에 담고, 튀김다시(덴다시)에 무즙을 풀어 위에 끼얹으시오.
5. 고명(덴모리)으로 썬 실파와 채썬 김을 올려 제출하시오.

수험자 유의사항

1) 만드는 순서에 유의하며, 위생과 숙련된 기능평가를 위하여 조리작업 시 맛을 보지 않습니다.
2) 지정된 수험자지참준비물 이외의 조리기구나 재료를 시험장내에 지참할 수 없습니다.
3) 지급재료는 시험 전 확인하여 이상이 있을 경우 시험위원으로부터 조치를 받고 시험 중에는 재료의 교환 및 추가지급은 하지 않습니다.
4) 요구사항의 규격은 "정도"의 의미를 포함하며, 지급된 재료의 크기에 따라 가감하여 채점합니다.
5) 위생상태 및 안전관리 사항을 준수합니다.
6) 다음 사항에 대해서는 채점대상에서 제외하니 특히 유의하시기 바랍니다.
   가) 기권－수험자 본인이 시험 도중 시험에 대한 포기 의사를 표현하는 경우
   나) 실격－(1) 가스레인지 화구 2개 이상(2개 포함) 사용한 경우
   　　　　　(2) 불을 사용하여 만든 조리작품이 작품특성에 벗어나는 정도로 타거나 익지 않은 경우
   　　　　　(3) 시험 중 시설·장비(칼, 가스레인지 등) 사용 시 감독위원 및 타수험자의 시험 진행에 위협이 될 것으로 감독위원 전원이 합의하여 판단한 경우
   다) 미완성－(1) 시험시간 내에 과제 두 가지를 제출하지 못한 경우
   　　　　　(2) 문제의 요구사항대로 과제의 수량이 만들어지지 않은 경우
   라) 오작－(1) 구이를 찜으로 조리하는 등과 같이 조리방법을 다르게 한 경우
   　　　　(2) 해당과제의 지급재료 이외의 재료를 사용하거나 석쇠 등 요구사항의 조리도구를 사용하지 않은 경우
   마) 요구사항에 표시된 실격, 미완성, 오작에 해당하는 경우
7) 항목별 배점은 위생상태 및 안전관리 5점, 조리기술 30점, 작품의 평가 15점입니다.

❶ 다시마 가쓰오다시 끓이기

❷ 다시마 가쓰오다시 거르기

❸ 연두부 모서리 자르기

❹ 연두부 꺼내기

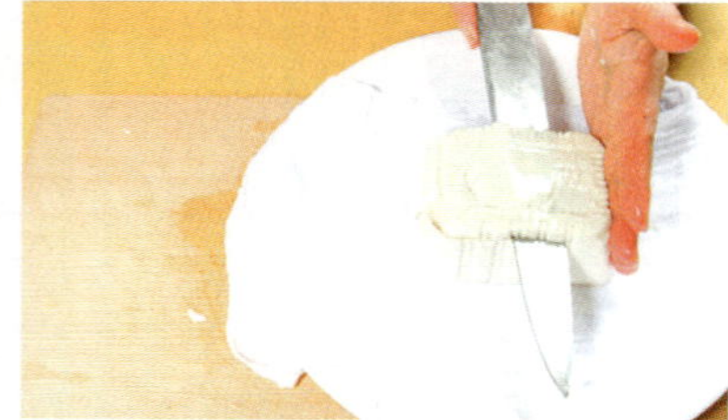
❺ 연두부 성형하기

❻ 실파 썰기

❼ 실파 물에 헹구기

❽ 무 강판에 갈기

❾ 전분 묻힌 연두부 튀기기

❿ 튀김 소스 만들기

⓫ 김굽기

⓬ 김 채썰기

⓭ 튀김두부에 소스 끼얹기

⓮ 김, 실파 올리기

⓯ 완성하기

 ## 만드는 법

1 다시마는 젖은 면포로 닦아 찬물에 넣고 끓으면 건져 낸 후, 가다랑어포를 넣어 가라앉으면 면포에 걸러 다시마 가쓰오다시를 준비한다.

2 면포를 도마에 깔아 연두부를 부스러지지 않게 그릇에서 꺼낸다(이때 연두부 껍질의 사방 모서리를 미리 칼로 잘라내고 빼야 모서리가 깨지지 않는다).

3 실파는 송송 썰어 물에 헹구어 물기를 제거하고 김은 살짝구워 가늘게 채(하리노리)썰고 무는 강판에 갈아 물기를 살짝 제거하여 준비한다.

4 튀김팬에 기름을 넉넉히 넣어 가열한다.

5 연두부는 4×5×4cm 크기로 썰어 전분을 고루 묻혀 튀김기름에 바삭하게 튀겨낸다.

6 다시가쓰오물 5T, 진간장 1T, 맛술 1T을 냄비에 넣고 살짝 끓여 튀김소스를 만들어 식으면 무 갈은 것을 넣어 무즙(오로시)을 만든다.

7 김은 살짝 구워 가늘게 채(하리노리) 썰어 놓는다.

8 그릇에 튀긴 두부를 담고 무즙(오로시)을 푼 튀김소스를 위에 뿌린다.

9 8의 튀긴 두부위에 채썬김(하리노리)과 실파 송송 썬 것을 위에 올려 완성한다.

POINT

❖ 연두부를 밭친 면포밑과 두부위에 키친타월을 두껍게 깔아 물기를 최대한 제거한다.

❖ 연두부를 썰 때 부스러지지 않게 면포를 밭친 채로 도마에 올려놓고 자른다.

❖ 전분은 기름 온도가 올라가고 난 후 연두부에 묻혀 바로 튀겨 낸다.

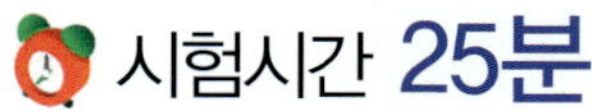

시험시간 25분

달걀말이

타마고야끼

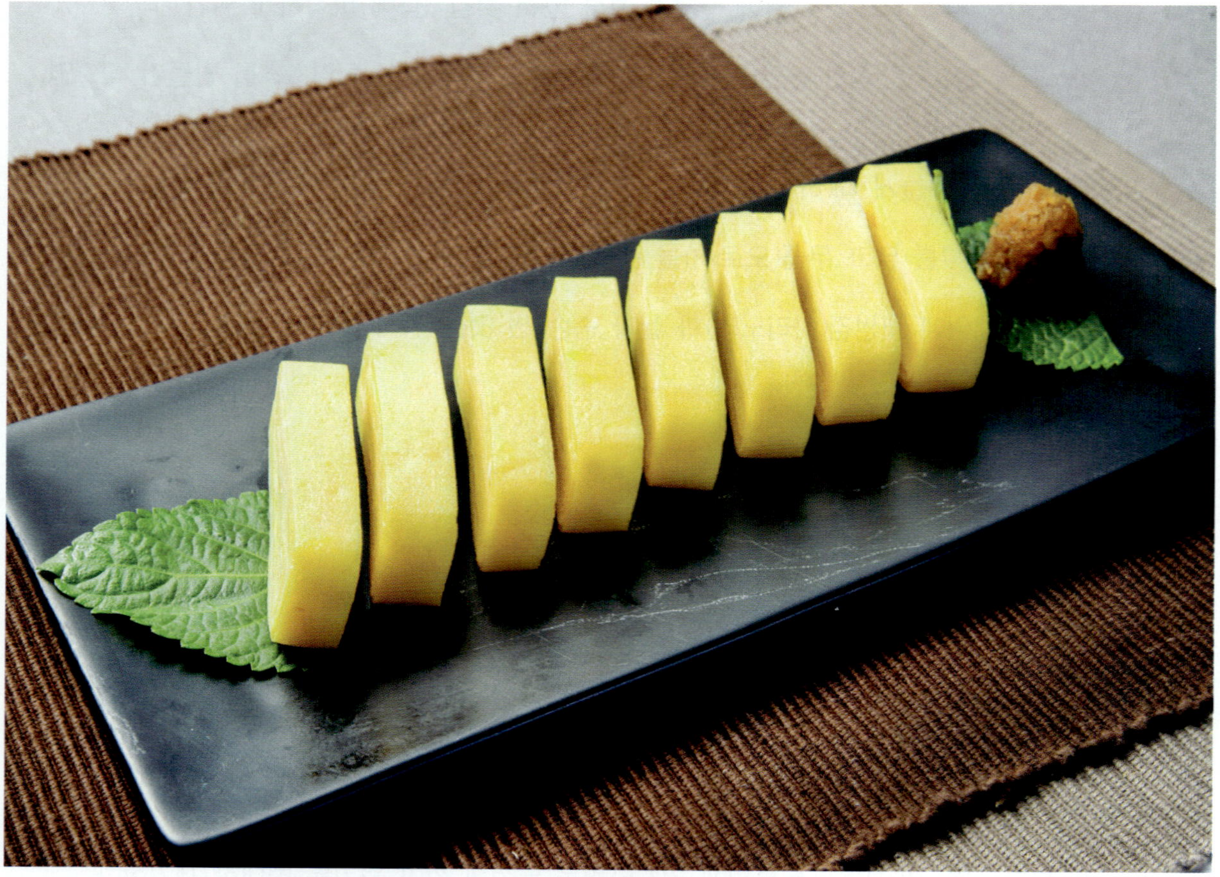

재 료

달걀 6개
건다시마(5×10cm) 1장
가다랑어포(가쓰오부시) 10g
맛술(미림) 20ml
진간장 30ml
청차조기잎(시소, 깻잎으로 대체가능) 2장

백설탕 20g
소금(정제염) 10g
식용유 50ml
무 100g

요구사항

※ 주어진 재료를 사용하여 다음과 같이 달걀말이를 만드시오.
1. 달걀과 가다랑어국물(가쓰오다시), 소금, 설탕, 맛술(미림)을 섞은 후 가는 체에 거르시오.
2. 젓가락을 사용하여 달걀말이를 한 후 김발을 이용하여 사각모양을 만드시오(단, 달걀을 말 때 주걱이나 손을 사용할 경우는 감점 처리).
3. 길이 8cm, 높이 2.5cm, 두께 1cm 정도로 썰어 8개를 만들고, 완성되었을 때 틈새가 없도록 하시오.
4. 달걀말이(다시마끼)와 간장무즙을 접시에 보기 좋게 담아내시오.

수험자 유의사항

1) 만드는 순서에 유의하며, 위생과 숙련된 기능평가를 위하여 조리작업 시 맛을 보지 않습니다.
2) 지정된 수험자지참준비물 이외의 조리기구나 재료를 시험장내에 지참할 수 없습니다.
3) 지급재료는 시험 전 확인하여 이상이 있을 경우 시험위원으로부터 조치를 받고 시험 중에는 재료의 교환 및 추가지급은 하지 않습니다.
4) 요구사항의 규격은 "정도"의 의미를 포함하며, 지급된 재료의 크기에 따라 가감하여 채점합니다.
5) 위생상태 및 안전관리 사항을 준수합니다.
6) 다음 사항에 대해서는 채점대상에서 제외하니 특히 유의하시기 바랍니다.
　가) 기권－수험자 본인이 시험 도중 시험에 대한 포기 의사를 표현하는 경우
　나) 실격－(1) 가스레인지 화구 2개 이상(2개 포함) 사용한 경우
　　　　　(2) 불을 사용하여 만든 조리작품이 작품특성에 벗어나는 정도로 타거나 익지 않은 경우
　　　　　(3) 시험 중 시설·장비(칼, 가스레인지 등) 사용 시 감독위원 및 타수험자의 시험 진행에 위협이 될 것으로 감독위원 전원이 합의하여 판단한 경우
　다) 미완성－(1) 시험시간 내에 과제 두 가지를 제출하지 못한 경우
　　　　　　(2) 문제의 요구사항대로 과제의 수량이 만들어지지 않은 경우
　라) 오작－(1) 구이를 찜으로 조리하는 등과 같이 조리방법을 다르게 한 경우
　　　　　(2) 해당과제의 지급재료 이외의 재료를 사용하거나 석쇠 등 요구사항의 조리도구를 사용하지 않은 경우
　마) 요구사항에 표시된 실격, 미완성, 오작에 해당하는 경우
7) 항목별 배점은 위생상태 및 안전관리 5점, 조리기술 30점, 작품의 평가 15점입니다.

① 다시마 가쓰오다시 끓이기

② 다시마 가쓰오다시 거르기

③ 양념 만들기

④ 달걀에 양념하기

⑤ 달걀물 체에 거르기

⑥ 달걀물 고루 붓기

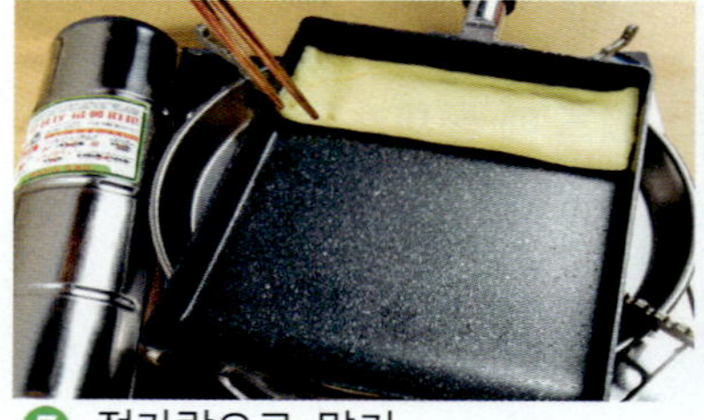

⑦ 젓가락으로 말기

⑧ 다시 달걀물 부어 익히기

⑨ 같은 방법으로 말기

⑩ 김발로 모양잡기

⑪ 균일하게 썰기

⑫ 무 강판에 갈기

⑬ 무즙 수분제거

⑭ 간장 무즙 곁들여 담기

 ## 만드는 법

1 냄비에 다시마와 찬물을 넣고 끓기 시작하면 다시마를 건져내고 끓으면 불을 끈 후 가쓰오부시를 넣고 5~10분 후 고운체나 면포에 거른다.

2 깻잎(시소-シソ)은 찬물에 담가 싱싱해지도록 한다.

3 볼에 달걀 6개를 깨서 다시 국물 2T, 소금 1/3t, 설탕 1T, 맛술 1T를 넣고 젓가락으로 거품이 일지 않도록 풀어준 다음 젓가락으로 섞어 고운체에 거른다.

4 사각팬에 식용유를 넉넉하게 넣고, 중불보다 조금 약한 불로 달군 후 기름을 따라내고 종이타월로 남은 기름을 닦아낸다.

5 종이 타월로 사각팬에 기름을 살짝 발라준 다음 달걀물 80cc를 떠서 넣은 후 고르게 달걀물을 펴고 달걀 표면에 기포가 생기면 젓가락으로 기포를 터뜨린다.

6 달걀물이 반숙인 상태에서 사각 팬 머리를 들어 손잡이 쪽으로 살며시 당기며 달걀을 손잡이 방향으로 만다.

7 달걀이 손잡이 부분까지 모두 말아지면 반대쪽으로 밀어낸 후 다시 달걀물을 붓고 달걀을 살짝 들어 달걀물과 말아놓은 달걀이 연결되도록 한다. 이러한 동작을 되풀이 하여 높이 2.5cm, 폭 8cm 정도의 달걀말이가 되도록 네모반듯하게 말아간다.

8 사각 팬 위에 김발을 올린 후 팬을 뒤집어서 달걀말이를 올리고 김발로 감싸 모양을 잡아주고 그대로 식혀 달걀말이를 두께 1cm 정도의 크기로 썰어서 8개를 만든다.

9 무는 강판에 갈아서 무즙을 찬물에 씻어 물기를 빼고 간장을 넣어 간장 무즙을 만든다.

10 완성 접시에 차조기 잎을 깐 후 달걀말이 구이를 담고 또 한장의 차조기잎을 깔고 간장무즙을 곁들여서 보기 좋게 담아낸다.

POINT

❖ 양념국물을 끓이지 않고 달걀에 다시국물 2T, 설탕 1T, 맛술 1T, 소금 1/2t을 바로 넣어 사용해도 된다.

❖ 기름이 너무 많거나 온도가 높으면 달걀이 부풀어 올라 기포가 생기면서 썰었을 때 빈공간이 생기므로 주의한다.

❖ 지나치게 오래 익히면 달걀이 단단해지고 색이 푸르게 변하므로 익히는 시간을 잘 조절하는 것이 좋다.

❖ 높이가 2.5cm가 안될 경우 어슷하게 썰면 좀 더 길어 보일 수 있다.

❖ 처음 달걀을 말을 때 5cm 넓이로 접어야 길이가 8cm 된다.

 시험시간 **30분**

우동볶음

야끼우동

재 료

우동 150g
작은 새우(껍질있는 것) 3마리
갑오징어몸살(물오징어로 대체 가능) 50g
생표고버섯 1개
청피망(중, 75g 정도) 1/2개
가다랑어포(하나가쓰오, 고명용) 10g
맛술(미림) 15ml
참기름 5ml

양파 1/8개
숙주 80g

당근 50g
청주 30ml
진간장 15ml
식용유 15ml
소금 5g

요구사항

※ 주어진 재료를 사용하여 다음과 같이 우동볶음을 만드시오.
1. 새우는 껍질과 내장을 제거하고 사용하시오.
2. 오징어는 솔방울 무늬로 칼집을 넣어 1cm×4cm 정도 크기로 썰어 데쳐 사용하시오.
3. 우동은 데쳐서 사용하시오.
4. 가다랑어포(하나가쓰오)를 고명으로 얹으시오.

수험자 유의사항

1) 만드는 순서에 유의하며, 위생과 숙련된 기능평가를 위하여 조리작업 시 맛을 보지 않습니다.
2) 지정된 수험자지참준비물 이외의 조리기구나 재료를 시험장내에 지참할 수 없습니다.
3) 지급재료는 시험 전 확인하여 이상이 있을 경우 시험위원으로부터 조치를 받고 시험 중에는 재료의 교환 및 추가지급은 하지 않습니다.
4) 요구사항의 규격은 "정도"의 의미를 포함하며, 지급된 재료의 크기에 따라 가감하여 채점합니다.
5) 위생상태 및 안전관리 사항을 준수합니다.
6) 다음 사항에 대해서는 채점대상에서 제외하니 특히 유의하시기 바랍니다.
    가) 기권－수험자 본인이 시험 도중 시험에 대한 포기 의사를 표현하는 경우
    나) 실격－(1) 가스레인지 화구 2개 이상(2개 포함) 사용한 경우
          (2) 불을 사용하여 만든 조리작품이 작품특성에 벗어나는 정도로 타거나 익지 않은 경우
          (3) 시험 중 시설·장비(칼, 가스레인지 등) 사용 시 감독위원 및 타수험자의 시험 진행에 위협이 될 것으로 감독위원 전원이 합의하여 판단한 경우
    다) 미완성－(1) 시험시간 내에 과제 두 가지를 제출하지 못한 경우
          (2) 문제의 요구사항대로 과제의 수량이 만들어지지 않은 경우
    라) 오작－(1) 구이를 찜으로 조리하는 등과 같이 조리방법을 다르게 한 경우
          (2) 해당과제의 지급재료 이외의 재료를 사용하거나 석쇠 등 요구사항의 조리도구를 사용하지 않은 경우
    마) 요구사항에 표시된 실격, 미완성, 오작에 해당하는 경우
7) 항목별 배점은 위생상태 및 안전관리 5점, 조리기술 30점, 작품의 평가 15점입니다.

① 숙주 다듬기

② 양파 채썰기

③ 당근 채썰기

④ 피망 채썰기

⑤ 표고 채썰기

⑥ 새우 손질하기

⑦ 오징어 썰기

⑧ 우동면 데치기

⑨ 채소 볶기

⑩ 해물 넣어 볶기

⑪ 면 넣어 볶기

⑫ 양념하기

⑬ 접시에 담고 가쓰오부시 올리기

 ## 만드는 법

•우동볶음• 243 （상단 표시）

1 숙주는 머리와 꼬리를 제거하고, 양파는 4cm 정도로 채 썬다.

2 당근과 청피망은 4cm 정도 길이로 채 썰고, 생표고버섯은 기둥을 제거하고 4cm 길이로 채 썬다.

3 새우는 내장을 제거하여 준비하고, 오징어는 솔방울 무늬로 칼집을 넣어 1cm×4cm 정도 크기로 썰어 준비한 후 끓는 물에 소금을 넣고 각각 데쳐 새우는 껍질을 제거한다.

4 냄비에 넉넉히 물을 붓고 끓으면 우동을 데쳐 찬물에 헹궈 물기를 제거해 준비한다.

5 달군 팬에 기름을 두르고 양파, 당근, 표고버섯 순으로 볶다가 새우, 오징어, 숙주, 청피망을 넣고 볶는다.

6 5에 데친 우동면을 넣어 볶다가 양념장(청주와 진간장, 맛술)을 넣어 맛을 낸다. 마지막에 소금간을 하고 참기름을 넣어 맛을 낸다.

7 완성접시에 우동 볶음을 담고 위에 가다랑어포를 고명으로 얹어 완성한다.

POINT

❖ 우동과 해물, 채소 등이 잘 어우러지게 볶아낸다.

❖ 조리작품 만드는 순서는 틀리지 않게 하여야 한다.

 시험시간 **30분**

메밀국수

자루소바

재 료

메밀국수(생면) 150g(건면 100g 대체 가능)
실파(2뿌리) 40g   무 60g
고추냉이(와사비분) 10g   건다시마(5×10cm) 1장
가다랑어포(가쓰오부시) 10g   김 1/2장
백설탕 25g   진간장 50ml
맛술(미림) 10ml   청주 15ml
각얼음 200g

요구사항

※ 주어진 재료를 사용하여 다음과 같이 메밀국수를 만드시오.
1. 소바다시를 만들어 얼음으로 차게 식히시오.
2. 메밀국수는 삶아 얼음으로 차게 식혀서 사용하시오.
3. 메밀국수는 접시에 김발을 펴서 그 위에 올려내시오.
4. 김은 가늘게 채 썰어(하리기리) 메밀국수에 얹어 내시오.
5. 메밀국수, 양념(야꾸미), 소바다시를 각각 따로 담아내시오.

수험자 유의사항

1) 만드는 순서에 유의하며, 위생과 숙련된 기능평가를 위하여 조리작업 시 맛을 보지 않습니다.
2) 지정된 수험자지참준비물 이외의 조리기구나 재료를 시험장내에 지참할 수 없습니다.
3) 지급재료는 시험 전 확인하여 이상이 있을 경우 시험위원으로부터 조치를 받고 시험 중에는 재료의 교환 및 추가지급은 하지 않습니다.
4) 요구사항의 규격은 "정도"의 의미를 포함하며, 지급된 재료의 크기에 따라 가감하여 채점합니다.
5) 위생상태 및 안전관리 사항을 준수합니다.
6) 다음 사항에 대해서는 채점대상에서 제외하니 특히 유의하시기 바랍니다.
   가) 기권–수험자 본인이 시험 도중 시험에 대한 포기 의사를 표현하는 경우
   나) 실격–(1) 가스레인지 화구 2개 이상(2개 포함) 사용한 경우
         (2) 불을 사용하여 만든 조리작품이 작품특성에 벗어나는 정도로 타거나 익지 않은 경우
         (3) 시험 중 시설·장비(칼, 가스레인지 등) 사용 시 감독위원 및 타수험자의 시험 진행에 위협이 될 것으로 감독위원 전원이 합의하여 판단한 경우
   다) 미완성–(1) 시험시간 내에 과제 두 가지를 제출하지 못한 경우
         (2) 문제의 요구사항대로 과제의 수량이 만들어지지 않은 경우
   라) 오작–(1) 구이를 찜으로 조리하는 등과 같이 조리방법을 다르게 한 경우
         (2) 해당과제의 지급재료 이외의 재료를 사용하거나 석쇠 등 요구사항의 조리도구를 사용하지 않은 경우
   마) 요구사항에 표시된 실격, 미완성, 오작에 해당하는 경우
7) 항목별 배점은 위생상태 및 안전관리 5점, 조리기술 30점, 작품의 평가 15점입니다.

❶ 다시마 가쓰오다시 끓이기

❷ 다시마 가쓰오다시 거르기

❸ 소바다시 만들기

❹ 소바다시 끓이기

❺ 소바다시 식히기

❻ 무즙 만들기

❼ 실파 썰기

❽ 실파 물에 헹구기

❾ 와사비 개기

❿ 메밀 삶기

⓫ 얼음물에 행구기

⓬ 면 사리지어 담기

⓭ 김굽기

⓮ 김 채썰기

⓯ 완성하기

 ## 만드는 법

1 젖은 면포로 닦은 다시마와 찬물 2c을 냄비 넣고 끓어오르면 다시마를 건져내고 불을 끈 후 가쓰오부시를 넣어 5분 후 면포에 걸러 다시마 가쓰오다시를 준비한다.

2 냄비에 다시마 가쓰오다시물 1C, 진간장 2T, 백설탕 1T, 청주 1T, 맛술 1/2T을 넣고 살짝 끓여 소바다시를 만들어 얼음을 담은 그릇에 올려 차게 식힌다.

3 무는 강판에 갈아 물에 헹구어 매운맛을 빼서 준비하고, 실파는 송송 썰어 물에 헹궈 준비한다.

4 고추냉이는 동량의 찬물을 넣어 부드럽게 갠 후 미리 준비한 무, 실파와 함께 양념 그릇에 담아놓는다.

5 냄비에 넉넉히 물을 넣고 끓으면 메밀국수를 넣고 삶다가 중간에 찬물을 부어 가며 삶는다.

6 면이 다 익으면 얼음물에 차게 헹군 후 사리지어 물기를 빼고 접시에 김발을 펴서 그 위에 담는다.

7 김은 석쇠에 구워 채 썰어(하리기리) **6**의 면 위에 올린다.

8 메밀국수와 양념(야꾸미), 소바다시를 각각 따로 함께 제출한다.

POINT

❖ 지급된 양념(야꾸미)재료를 각각 특성에 맞게 준비하여 곁들여 내도록 한다.

❖ 건메밀 국수는 생면보다 더 오래 삶아야하고 찬 물에 한가닥 넣어 익었는지 확인한다.

 시험시간 **25분**

전복버터구이

아와비노바다야키

재 료

전복(2마리, 껍데기포함) 150g
청차조기잎(시소, 깻잎으로 대체 가능) 1장
양패(중, 150g 정도) 1/2개
청피망(중, 75g 정도) 1/2개
청주 20ml　　　　　　　　은행(중간크기) 5개
버터 20g　　　　　　　　　검은후추가루 2g
소금(정제염) 5g　　　　　　식용유 30ml

요구사항

※ 주어진 재료를 사용하여 다음과 같이 전복버터구이를 만드시오.
1. 전복은 껍질과 내장을 분리하고 칼집을 넣어 한입 크기로 어슷하게 써시오.
2. 내장은 모래주머니를 제거하고 데쳐 사용하시오.
3. 채소는 전복의 크기로 써시오.
4. 은행은 속껍질을 벗겨 사용하시오.

수험자 유의사항

1) 만드는 순서에 유의하며, 위생과 숙련된 기능평가를 위하여 조리작업 시 맛을 보지 않습니다.
2) 지정된 수험자지참준비물 이외의 조리기구나 재료를 시험장내에 지참할 수 없습니다.
3) 지급재료는 시험 전 확인하여 이상이 있을 경우 시험위원으로부터 조치를 받고 시험 중에는 재료의 교환 및 추가지급은 하지 않습니다.
4) 요구사항의 규격은 "정도"의 의미를 포함하며, 지급된 재료의 크기에 따라 가감하여 채점합니다.
5) 위생상태 및 안전관리 사항을 준수합니다.
6) 다음 사항에 대해서는 채점대상에서 제외하니 특히 유의하시기 바랍니다.
　가) 기권－수험자 본인이 시험 도중 시험에 대한 포기 의사를 표현하는 경우
　나) 실격－(1) 가스레인지 화구 2개 이상(2개 포함) 사용한 경우
　　　　　　 (2) 불을 사용하여 만든 조리작품이 작품특성에 벗어나는 정도로 타거나 익지 않은 경우
　　　　　　 (3) 시험 중 시설·장비(칼, 가스레인지 등) 사용 시 감독위원 및 타수험자의 시험 진행에 위협이 될 것으로 감독위원 전원이 합의하여 판단한 경우
　다) 미완성－(1) 시험시간 내에 과제 두 가지를 제출하지 못한 경우
　　　　　　　 (2) 문제의 요구사항대로 과제의 수량이 만들어지지 않은 경우
　라) 오작－(1) 구이를 찜으로 조리하는 등과 같이 조리방법을 다르게 한 경우
　　　　　　 (2) 해당과제의 지급재료 이외의 재료를 사용하거나 석쇠 등 요구사항의 조리도구를 사용하지 않은 경우
　마) 요구사항에 표시된 실격, 미완성, 오작에 해당하는 경우
7) 항목별 배점은 위생상태 및 안전관리 5점, 조리기술 30점, 작품의 평가 15점입니다.

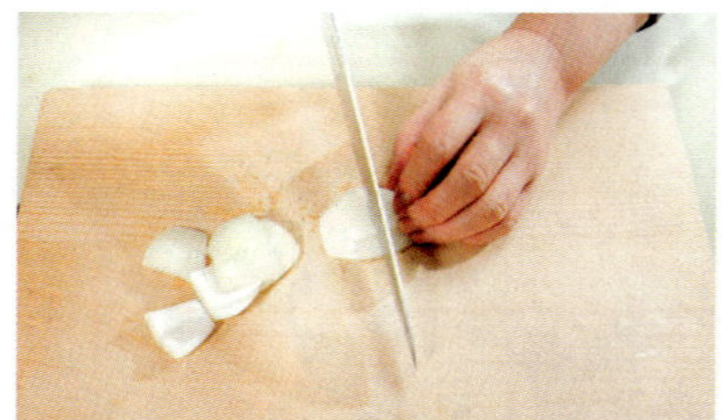

① 양파 썰기

② 피망 썰기

③ 은행 볶기

④ 전복 소금으로 문지르기

⑤ 전복 살 떼어내기

⑥ 전복 내장 제거하기

⑦ 전복 이빨 제거하기

⑧ 전복살에 칼집넣기

⑨ 전복살 저며썰기

⑩ 전복내장 데치기

⑪ 전복, 양파 볶기

⑫ 재료넣어 고루 볶기

⑬ 접시에 담기

 만드는 법

1 청차조기잎은 씻어 찬물에 담근다.

2 양파는 3cm×3cm의 크기로 큼직하게 썰고, 피망은 속씨를 제거하고 양파와 같은 크기로 썬다.

3 팬을 달군 후 기름을 두르고 은행을 넣고 약간의 소금을 넣고 투명하게 볶아 속껍질을 제거한다.

4 전복은 소금으로 문질러 점액을 깨끗하게 씻은 후 껍데기와 살 사이에 숟가락을 넣어 살을 밀어 떼어낸 후, 살에 붙어있는 내장과 모래주머니를 분리해놓고 전복 한쪽에 딱딱한 이빨을 칼로 제거한다.

5 전복살은 껍데기가 붙어 있던 부분에 칼집을 넣어 0.3cm의 두께 3~4cm 크기로 저며 썰고 내장은 소금물에 데쳐서 준비한다.

6 달군 팬에 기름을 두르고 전복을 넣어 반쯤 익으면 양파, 피망을 넣어 볶다가 전복내장을 넣고 버터와 소금, 후추, 청주 넣어 맛을 낸다.

7 6에 은행을 넣고 살짝 더 볶아낸다.

8 완성 접시에 청차조기잎을 정리하여 깔고 전복버터구이를 담는다.

POINT

❖ 버터는 발연점이 낮기 때문에 볶을 때 불 조절을 잘해야 타지 않는다.

❖ 전복은 살과 내장을 분리할 때 내장이 터지지 않도록 주의한다.

복어 실기

- 복어요리의 특징
- 복어조리 기초과정
- 복어실기
  복어회
  복어맑은탕

복어요리의 특징

 1 복어의 특징

복어는 분류상으로 복어목 복어과 어류의 총칭이다. 복어류는 세계의 난해에 널리 분포하고, 세계에는 약 120종이 있으며 복어류의 대부분이 해산이지만, 열대 지방에는 하천의 하류역에 사는 것이나 순담수역에 사는 것도 있다. 중국의 하천에는 중류역에까지 황복이 산다. 복어류는 중요한 식용어로 자주복이 고급어로 취급되며, 양식도 되고 있다. 참복과에 속하는 어류의 난소에 존재하는 맹독 물질인 테트로도톡신(tetrodotoxin)은 무색, 무미, 무취의 결정으로, 말초 신경 및 중추 신경에 강한 마비를 일으키는 독이다. 난소와 간에 가장 많으며 피부, 장의 순이며 근육에는 적으며 복어독의 치사율이 60%에 이른다. 난소의 중량이 최대가 되는 산란 직전(4~6월)에 복어 독의 양이 최대로 된다.

중독의 증세로는 입술, 혀, 손발의 지각마비와 증상이 심해지면 전신의 근육을 마비시켜 호흡곤란, 혈압저하, 지각 및 운동신경의 마비를 일으킨다.

복어독을 예방하기 위해서는 반드시 내장과 독소를 제거한, 식용 가능한 부분만 먹어야 하며, 복어조리 기능사 자격증을 취득한 전문가가 복어를 다루도록 해야 한다.

복어를 손질하고 남은 내장 찌꺼기를 버릴 때에는 다른 쓰레기들과 구분해서 잘 묶은 후 버려야 한다. 만일 복어독에 중독되었을 경우에는 즉시 병원으로 옮기고, 옮기기 전까지는 쌀뜨물이나 물을 많이 마셔 구토하게 하여 위속에 남은 것들을 모두 제거하거나 이뇨 작용이 있는 녹차 등을 많이 마시도록 한다. 호흡 곤란이 올 때는 인공호흡을 하고 불필요한 운동은 피해야 한다.

 2 복어의 종류

복어목 참복어목 참복과에 속하는 어류 중 한국 근해에는 자주복, 까칠복, 검복, 졸복, 까치복, 복섬, 매리복, 바실복, 황복, 흰점복, 눈불개복, 밀복, 꺼끌복, 별복, 흰복, 청복 등이 알려져 있다. 독이 없는 복어 종류로는 참복(까치복, 황복), 밀복, 청복(깨복), 졸복 등으로 나온다.

1 참복(자주복)

길이가 55cm 정도이며 모양은 곤봉형이며 주둥이는 뭉툭하다. 꼬리지느러미 후단은 약간 둥글며 피부에는 작은 가시가 있어 거칠다. 등 쪽은 흑갈색, 배 쪽은 백색이다. 가슴지느러미 뒤쪽 윗부분에 흑색의 얼룩무늬가 있고 가장자리는 백색이며, 몸의 후단부에 흑색 반점이 없다. 뒷지느러미는 대체로 검다.

2 까치복

몸길이는 60cm 가량이며, 모양은 긴 곤봉형인데 꼬리지느러미 후단은 반듯하다. 피부에는 작은 가시가 있어 거칠다. 등 쪽은 어두운 회색, 배 쪽은 흰색이다. 몸 쪽 상부에 있는 4~5개의 흑색 세로무늬는 등 쪽으로 이어진다. 가슴지느러미 부분은 검으나, 다른 각각의 지느러미는 황색이다. 연안 중층에 서식하며 소형 갑각류, 연체류, 어류 등을 먹는다. 5~7월에 산란한다. 탕, 찜 등으로 식용한다. 난소와 간장에는 테트로도톡신(tetrodotoxin)이라는 강한 독이 있으나 정소, 근육, 피부에는 없다. 난소와 간에는 독이 있다.

3 졸 복

몸길이가 35cm 가량이며 몸은 짧고 굵으며 모양은 곤봉형이다. 피부에 가시는 없지만 둥근 돌기물이 있다. 등 쪽은 황갈색 바탕에 다각형의 흑갈색 반점이 흩어져 있고, 배 쪽은 백색이며 그 사이에 황갈색 세로줄이 있다. 연안 얕은 해역의 바위지역에 서식한다. 산란은 2~3월에 한다. 탕으로 끓여 먹는다. 피부, 난소, 간에 강한 테트로도톡신(tetrodotoxin)이라는 맹독이, 정소에는 약한 독이 들어 있다.

4 검 복

몸은 길이 50cm 정도이고, 긴 곤봉형이며 꼬리지느러미 후단은 반듯하다. 피부는 가시가 없고 매끄럽다. 가슴지느러미 후단 위쪽에 큰 흑색 얼룩무늬가 있다. 연안 저층에 서식하며, 3~4월에 알을 낳는다. 회, 찜, 탕 등으로 이용한다. 난소, 간장, 피부에는 테트로도톡신(tetrodotoxin)이라는 강한 독성이 있지만, 정소와 근육에는 독이 없다.

5 까칠복

지역에 따라 '깨복'이라 불리기도 한다. 몸길이 약 40cm로 머리 부분은 두껍고 꼬리부분은 가늘고 긴 곤봉형이다. 등 쪽은 어두운 푸른 빛을 띠며 배 쪽은 희다. 어릴 때는 갈색을 띠나 성체가 되면서 몸색이 암청색으로 점점 짙어진다. 목에서 꼬리부분까지 황색의 세로띠가 있으며, 세로띠 위에 짙은 회색빛의 작은 점들이 산재해 있다. 배지느러미는 없고 등과 배에 작은 가시가 있다.

4~6월이 산란기로 이때 독성이 강해진다. 복어류의 다른 종과 마찬가지로 테트로도톡신에 의한 독성을 나타낸다. 난소와 간에는 강한 독이 있고 껍질의 독은 약한 편이며, 살과 창자, 정소에는 독이 없다. 독성이 강한 시기를 피하여 11월에서 이듬해 2월에 걸쳐 저인망으로 어획한다.

6 밀 복

몸체는 녹황색, 가슴지느러미와 등지느러미는 황색 또는 백색을 띠는 것이 '은밀복'이라 하며 몸 전체가 검은 것을 '흑밀복'이라 한다. 현재 우리나라 복어 조리 기능사에서 지급되는 재료가 바로 검은 밀복으로 껍질이 얇고 살이 무르며 맛은 없는 편이다.

3 복어요리

복어를 사용한 요리는 회(사시미), 초무침(스노모노), 된장국(미소시루), 맑은국(세이지루), 오차덮밥(차쯔게), 튀김(덴뿌라), 후라이 등이 있고, 또 가공한 된장절임(미소쯔게), 술지게미절임(가스쯔게), 말림(호시모노), 미림절임말림(미림보시), 복구이(야끼후구) 등 매우 많다.

오늘날의 복어요리는 회(뎃사), 냄비요리(뎃지리), 죽(조우스이)이 일반적인 코스로 되어 있다.

1 복어회(사시미 또는 뎃사)

몸회에는 주로 범복을 사용하지만, 가격이 싼 것으로 까마귀복도 많이 이용된다. 복어의 육고기는 생선으로써 탄력이 있고, 질기므로 보통의 회를 자를 때처럼 썰면 질겨서 씹기 어렵고, 삼키기 힘들다. 그래서 얇게 1~2mm의 두께로 썰어 접시에 돌려놓는다.

2 복냄비요리(뎃지리)

횟감으로 사용하고 남은 부분 살, 껍질, 피하조직, 주둥이, 턱뼈, 이리, 껍질 등이 사용된다.

3 복죽(조우스이)

복죽은 복 냄비 요리를 먹고 난 뒤, 남은 국물에 밥을 넣으면 조우스이가 되고, 떡을 넣으면 조우니가 된다.

4 복튀김

배쪽과 꼬리쪽 살만을 천연 양념을 가미해서 튀긴 요리로 겉은 바삭하고 속은 부드럽다. 특히 덴다시 속에 넣었다가 먹으면 폰즈의 향과 함께 더욱 맛있게 먹을 수 있다.

5 복 껍질 무침

복껍데기를 미나리와 함께 무친 것으로 미나리의 향긋한 냄새와 함께 오돌 도돌한 복껍데기의 맛이 일품이다.

6 복 샤브샤브

복살 부분 중 가장 안쪽살을 먹기 좋게 썰어 끓는 다시물에 살짝 데쳐서 폰즈에 찍어 먹는다. 재첩과 콩나물머리, 상어뼈를 주재료로 무, 다시마 등을 넣고 3시간 정도 뭉근히 끓여낸 국물을 냄비에 붓고 다시 끓여 배추, 쑥갓, 팽이버섯, 미나리, 다시마, 대파 등을 넣어 살짝 데쳐 먹는다.

7 복 수육

복어 살을 두툼하게 포를 떠 미나리, 실파, 콩나물과 쪄서 폰즈 소스에 담가 먹으면 담백한 맛을 느낄 수 있다.

복어요리 기초과정

 **복어 손질**

❶ 양쪽 지느러미 자르기

❷ 등지느러미 자르기

❸ 배지느러미 자르기

❹ 지느러미 점액질 씻기

❺ 모양잡기 – 지느러미에 칼집을 넣어 나비
모양으로 만들어 호일에 부쳐서 말리기

❻ 코 자르기

⑦ 혀가 손상되지 않도록 자르기

⑧ 윗니사이를 벌어지게 칼등으로 치기

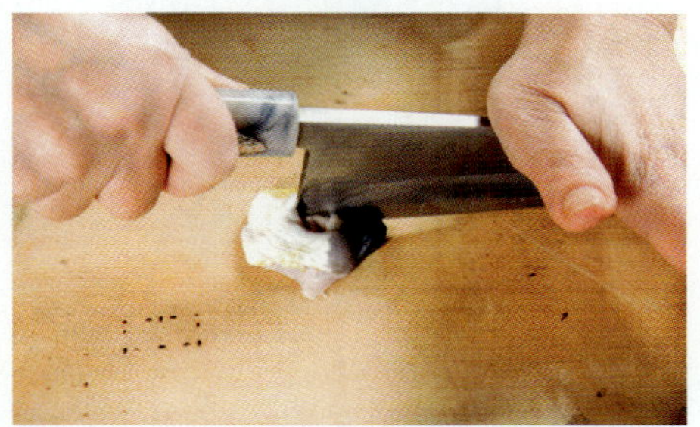

⑨ 윗니 사이 자르기

⑩ 입 소금으로 씻어 점액질 제거

⑪ 복어머리쪽 칼집넣기

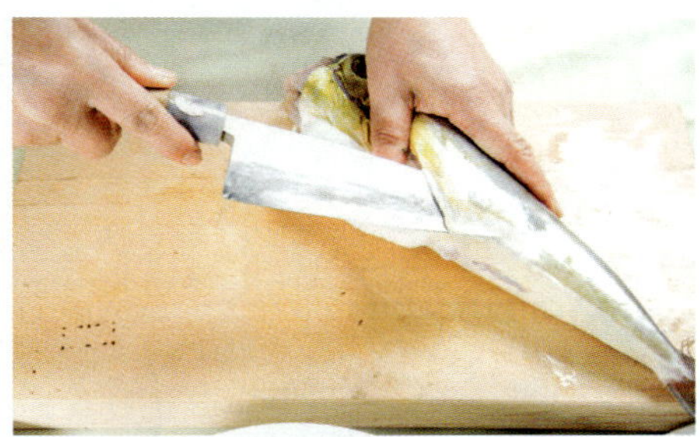

⑫ 살부분 껍질에 칼집넣기

⑬ 꼬리에 칼집 넣어 껍질벗기기

⑭ 껍질 위로 잡아당겨 벗기기

⑮ 머리뼈와 아가미사이에 칼집넣기

⑯ 내장 들어올려 꺼내기 1

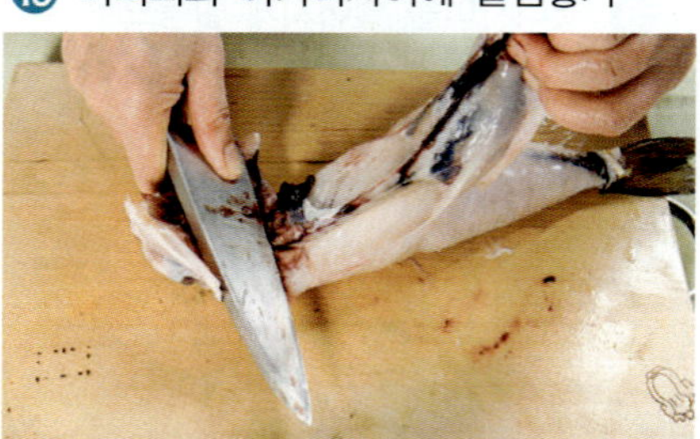

⑰ 내장 들어 올리기 2

⑱ 눈 제거하기

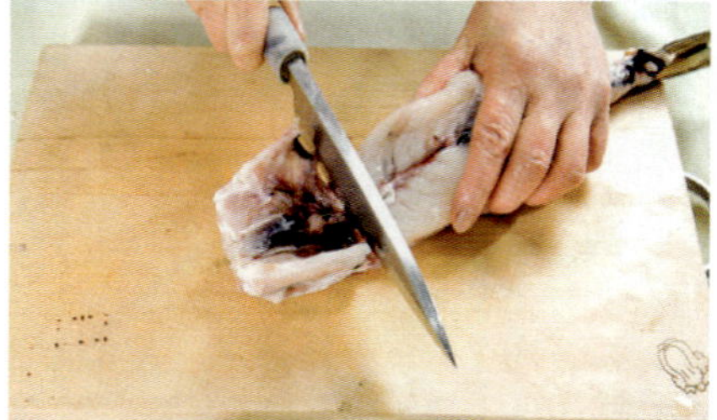

⑲ 머리 자르기

⑳ 머리반으로 자르기

㉑ 배꼽 양쪽에 V로 칼집넣기

㉒ 배꼽 제거하기

㉓ 복어살 3장 뜨기

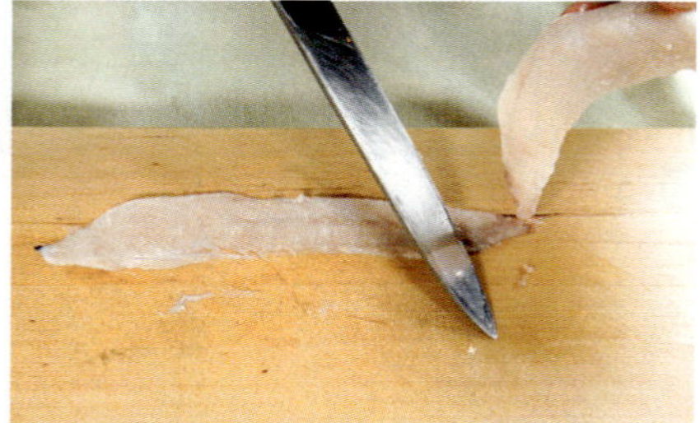

㉔ 안쪽살의 속껍질 벗기기

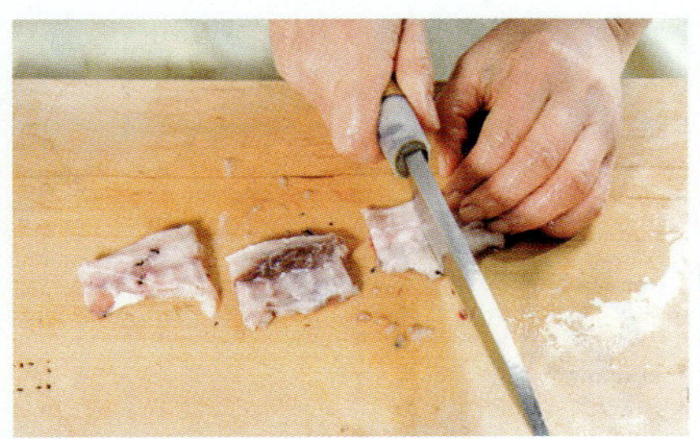

㉕ 복어뼈 자르기

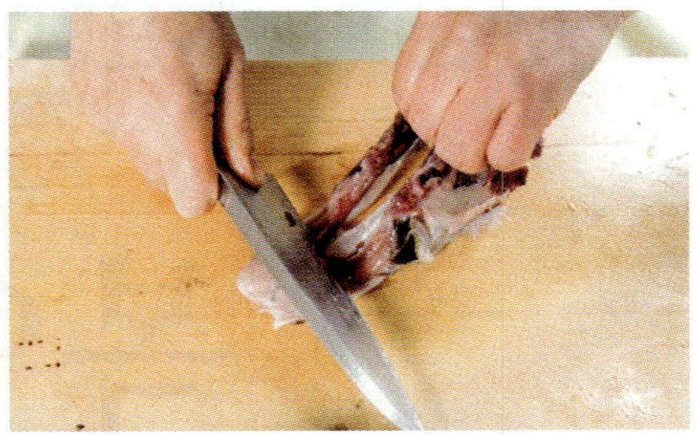

㉖ 혀와 아가미 사이에 칼집을 넣어 내
장 분리

㉗ 갈비뼈 불순물 제거

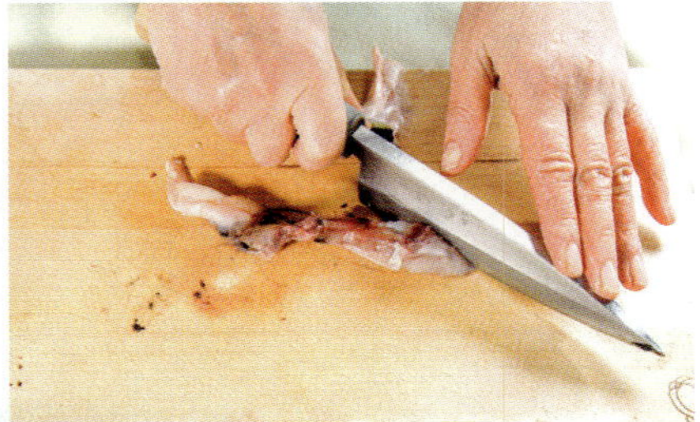

㉘ 혀 반으로 자르기

㉙ 대바로 속껍질 제거

㉚ 껍질 도마에 밀착시키기

㉛ 껍질 가시 제거하기

시험시간 **60분**(회＋맑은탕)
• 복어 실기 •

복어회

시험시간 **60분**(회＋맑은탕)

재 료

복어(중, 600g 정도) 1마리
당근(길이 7cm 정도, 곧은 것) 50g
생표고버섯(중) 20g
팽이버섯 10g
두부(1모, 500g 정도) 1/6모
찹쌀떡(또는 떡국용 가래떡) 15g
미나리(줄기부분, 약 5대 정도) 20g
식초 30ml
소금(정제염) 10g
청주 20ml

무 100g
배추 250g
대파(뿌리부위포함) 1대
건다시마(5×10cm) 1장
실파(약5대 정도) 10g
레몬 1/8쪽
진간장 30ml
가쓰오부시 10g
고춧가루(고운 것) 2g

요구사항

※ 주어진 재료를 사용하여 다음과 같이 복어회, 복어맑은탕을 만드시오.
1. 복의 겉껍질과 속껍질을 분리하여 손질하고, 가시를 제거하시오.
2. 복어맑은탕용 채소(무, 당근 등)는 모양(은행잎, 매화꽃 등)내어 사용하시오.
3. 뼈는 5cm 정도 크기로 토막 내어 사용하시오.
4. 회는 얇게 포를 떠 시계반대방향으로 돌려 담으시오.
5. 완성품은 초간장(폰즈), 양념(야꾸미)과 함께 모양있게 담아내시오.

수험자 유의사항

1) 만드는 순서에 유의합니다.
2) 숙련된 기능으로 맛을 내야하므로 조리작업시 음식의 맛을 보지 않습니다.
3) 지정된 수험자지참준비물 이외의 조리기구나 재료를 시험장내에 지참할 수 없습니다.
4) 지급재료는 시험 전 확인하여 이상이 있을 경우 시험위원으로부터 조치를 받고 시험도중에는
   재료의 교환 및 추가지급은 하지 않습니다.
5) 위생상태 및 안전관리 사항을 준수합니다.
6) 다음과 같은 경우에는 채점대상에서 제외하니 특히 유의하시기 바랍니다.
   가) 기권−수험자 본인이 시험 도중 시험에 대한 포기 의사를 표현하는 경우
   나) 실격−(1) 불을 사용하여 만든 조리작품이 익지 않은 경우
           (2) 독제거 작업과 작업 후 안전처리가 완전하지 않은 경우
           (3) 가스레인지 화구 2개 이상(2개 포함) 사용한 경우
           (4) 시험 중 시설·장비(칼, 가스레인지 등) 사용 시 감독위원 및 타수험자의 시험 진행에 위협이
               될 것으로 감독위원 전원이 합의하여 판단한 경우
   다) 미완성−시험시간 내에 과제 두 가지를 제출하지 못한 경우
   라) 오작−(1) 해당과제의 지급재료 이외의 재료를 사용한 경우
           (2) 맑은탕을 찜으로 조리하는 등과 같이 조리방법을 다르게 한 경우

① 뼈쪽에 얇은막 제거

② 복어살 껍질쪽 막제거

③ 복어살 소금물에 담그기

④ 면포에 수분제거

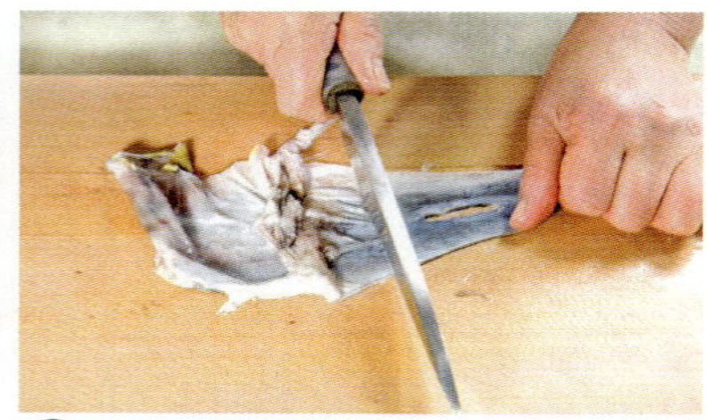

⑤ 대바로 속껍질 제거

⑥ 껍질 도마에 밀착시키기

⑦ 껍질 가시 제거하기

⑧ 복어껍질 데치기

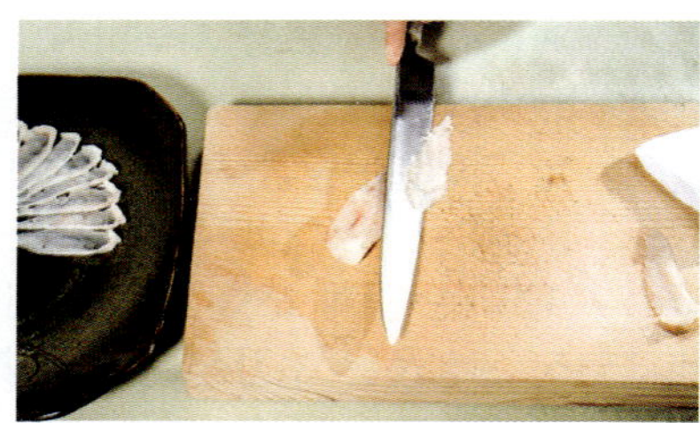

⑨ 복어살 회뜨기

⑩ 복어살 모양잡기

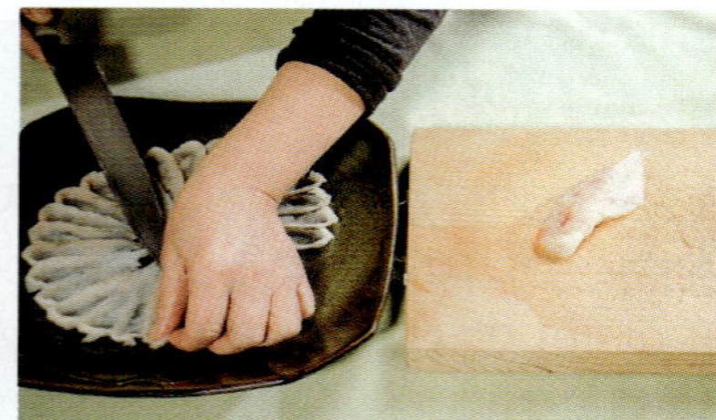

⑪ 복어살 접시에 담기

⑫ 남은 복어살 꽃만들기

⑬ 지느러미장식하기

⑭ 복어껍질 채썰기

⑮ 껍질과 미나리 담아 완성하기

 **만드는 법**

1 복어는 손질하여 횟감용 살을 포뜬 후 연한 소금물에 담갔다 물기를 제거하고 마른 면포에 감싸 최대한 수분을 제거한다.

2 복어 껍질은 속껍질을 제거하고 도마에 밀착시켜 가시를 포 뜨듯이 제거한다.

3 가시를 제거한 복어 배껍질과 등껍질은 소금으로 씻어 끓는 물에 살짝 데친 후 찬물에 식혀 물기를 제거한다.

4 미나리는 지저분한 부분을 다듬어 씻어 4cm 길이로 썬다.

5 도마에 약간 수분을 주어 촉촉하게 준비하고 젖은 행주를 준비하여 회를 뜨기 좋게 한다.

6 마른 면포에 감싸 단단해진 복어살의 껍질 부분이 바닥으로, 머리 부분이 위쪽으로 오도록 사선으로 도마위에 놓는다.

7 복어살을 손가락으로 누른 후 폭 2cm, 길이 6~7cm가 되도록 얇게 회를 뜬다.

8 복어살의 윗 부분을 엄지손가락과 집게손가락 끝으로 눌러주듯 살짝 잡고 오른쪽부터 부채 모양으로 놓는다. 살 가장자리가 살짝 겹치고 끝부분이 가운데로 모이도록 정확한 각도를 유지하며 시계반대 방향으로 돌려 담는다.

9 포를 뜨고 난 복어살을 뭉쳐서 접시 가운데 놓고 장미꽃모양으로 만들고 말려둔 지느러미를 기대어 나비모양으로 세운다.

10 데쳐 놓은 복어 껍질은 데바칼을 이용하여 4cm 길이로 곱게 채 썰어 지느러미 앞에 담고 썰어 놓은 미나리를 맨 앞에 담아 완성한다.

시험시간 **60분(회＋맑은탕)**

• 복어 실기 •

복어맑은탕

시험시간 **60분(회＋맑은탕)**

재 료

복어(중, 600g 정도) 1마리
당근(길이 7cm 정도, 곧은 것) 50g
생표고버섯(중) 20g
팽이버섯 10g
찹쌀떡(또는 떡국용 가래떡) 15g
미나리(줄기부분, 약 5대 정도) 20g
레몬 1/8쪽
식초 30ml
소금(정제염) 10g
청주 20ml

무 100g
배추 250g
대파(뿌리부위포함) 1대
두부(1모, 500g 정도) 1/6모
건다시마(5×10cm) 1장
실파(약5대 정도) 10g
진간장 30ml
가쓰오부시 10g
고춧가루(고운 것) 2g

요구사항

※ 주어진 재료를 사용하여 다음과 같이 복어회, 복어맑은탕을 만드시오.
1. 복의 겉껍질과 속껍질을 분리하여 손질하고, 가시를 제거하시오.
2. 복어맑은탕용 채소(무, 당근 등)는 모양(은행잎, 매화꽃 등)내어 사용하시오.
3. 뼈는 5cm 정도 크기로 토막 내어 사용하시오.
4. 회는 얇게 포를 떠 시계반대방향으로 돌려 담으시오.
5. 완성품은 초간장(폰즈), 양념(야꾸미)과 함께 모양있게 담아내시오.

수험자 유의사항

1) 만드는 순서에 유의합니다.
2) 숙련된 기능으로 맛을 내야하므로 조리작업시 음식의 맛을 보지 않습니다.
3) 지정된 수험자지참준비물 이외의 조리기구나 재료를 시험장내에 지참할 수 없습니다.
4) 지급재료는 시험 전 확인하여 이상이 있을 경우 시험위원으로부터 조치를 받고 시험도중에는
   재료의 교환 및 추가지급은 하지 않습니다.
5) 위생상태 및 안전관리 사항을 준수합니다.
6) 다음과 같은 경우에는 채점대상에서 제외하니 특히 유의하시기 바랍니다.
   가) 기권－수험자 본인이 시험 도중 시험에 대한 포기 의사를 표현하는 경우
   나) 실격－(1) 불을 사용하여 만든 조리작품이 익지 않은 경우
        (2) 독제거 작업과 작업 후 안전처리가 완전하지 않은 경우
        (3) 가스레인지 화구 2개 이상(2개 포함) 사용한 경우
        (4) 시험 중 시설·장비(칼, 가스레인지 등) 사용 시 감독위원 및 타수험자의 시험 진행에 위협이
            될 것으로 감독위원 전원이 합의하여 판단한 경우
   다) 미완성－시험시간 내에 과제 두 가지를 제출하지 못한 경우
   라) 오작－(1) 해당과제의 지급재료 이외의 재료를 사용한 경우
        (2) 맑은탕을 찜으로 조리하는 등과 같이 조리방법을 다르게 한 경우

① 가쓰오다시 끓이기

② 국물 거르기

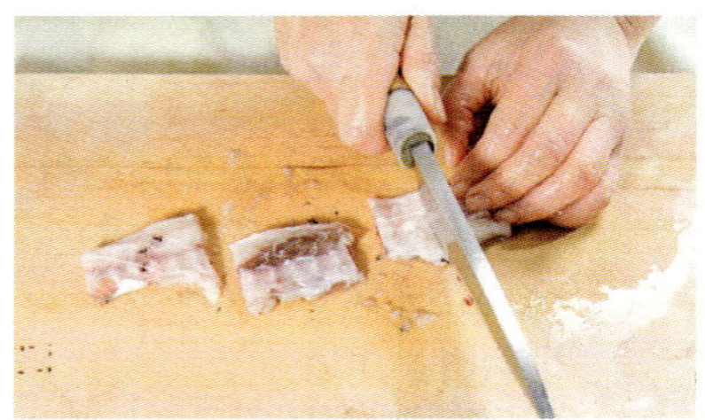

③ 복어뼈 자르기

④ 머리뼈 반으로 자르기

⑤ 복어뼈 머리 데치기

⑥ 데친 뼈 물에 씻어 불순물제거

⑦ 무 은행잎 손질

⑧ 당근 매화꽃 손질

⑨ 채소 데치기

⑩ 가래떡 굽기

⑪ 국물 붓기

⑫ 미나리 넣고 끓이기

⑬ 야꾸미 만들기

⑭ 폰즈소스 만들기

⑮ 소스와 야꾸미 함께 제출

● 만드는법 ●

1 다시마는 젖은 면보로 닦아 찬물에 넣고 끓으면 건져 낸 후, 가다랑어포를 넣어 가라앉으면 면보에 걸러 가쓰오 다시를 준비한다.

2 복어뼈는 5cm 길이로 토막내 잘라 소금물에 담그고 복어 머리는 반으로 잘라 불순물을 제거 하여 소금물에 담근다.

3 **2**의 뼈의 핏물이 빠지면 복어 속껍질, 복어 입과 함께 끓는 물에 살짝 데쳐 남은 핏물을 제거 한다.

4 무는 은행잎 모양으로 다듬고, 당근은 매화꽃 모양을 만들어 끓는 물에 데쳐내고 배추도 데쳐 낸 후 미나리줄기 데친 것을 얹어 지름 3cm 정도의 굵기로 말아 가장자리를 잘라내고 가운데 를 어슷하게 잘라 준비한다.

5 두부는 길이 4cm에 2×2cm 크기로 썰어 준비하고 대파는 어슷하게 썬다. 죽순은 0.3cm 두께 로 빗살모양을 살려 썰고, 생표고는 기둥을 떼고 위쪽에 별 모양으로 칼집을 내어 준비한다. 팽이버섯은 붙어 있는 밑둥을 다듬어 준비한다.

6 미나리는 뿌리와 지저분한 부분을 다듬고 씻어 5cm 길이로 썰고 가래떡(찹쌀떡)은 석쇠위에 올려 굽는다.

7 냄비에 배추말이 두부, 무, 대파, 죽순, 당근, 표고, 가래떡을 담고 앞부분에 복어 속껍질 데친 것을 밑에 담고 뼈, 머리 배꼽, 복어 입을 모양있게 담는다.

8 **1**의 가쓰오 다시는 폰즈 소스를 만들 정도만 남기고 남은 육수에 청주, 소금간하여 복어맑은 탕용 국물로 준비한다.

9 **7**의 준비한 재료가 잠길 정도의 국물을 부어 끓어오르면 거품제거하여 맑게 끓인다.

10 **9**에 팽이버섯, 미나리를 넣고 살짝 끓인다.

11 다시물 1TS, 간장 1TS, 식초 1TS를 잘 섞어 폰즈소스를 만든다.

12 무는 강판에 갈아 물기를 짠 후 고운 고춧가루를 넣어 붉은 색을 내고, 실파는 송송 썰어 물에 헹궈 물기를 제거한다. 레몬은 가장자리를 다듬어 야꾸미를 준비한다.

✏ POINT

❖ 찰떡이 나오면 끓이다가 나중에 넣고 살짝 끓인다.

특별부록〈핵심정리노트〉

- **중 식**

  양장피 잡채 / 짜춘권 / 깐풍기 / 새우 케첩볶음
  난자완스 / 탕수육 / 달걀탕 / 물만두
  마파두부 / 홍쇼두부 / 빠스 옥수수 / 해파리냉채
  부추잡채 / 빠스 고구마 / 라조기 / 오징어 냉채
  채소볶음 / 고추잡채 / 경장육사 / 유니짜장면
  울 면 / 새우완자탕 / 탕수생선살 / 증교자
  새우볶음밥

- **일 식**

  삼치 소금구이 / 생선초밥 / 도미조림 / 갑오징어 명란 무침
  대합술찜 / 도미술찜 / 모둠냄비 / 생선 모둠회
  모둠튀김 / 소고기 양념튀김 / 도미 머리 맑은국 / 대합 맑은국
  된장국 / 전골냄비 / 참치 김초밥 / 김초밥
  문어초회 / 소고기 간장구이 / 도미냄비 / 달걀찜
  해삼초회 / 소고기 덮밥 / 꼬치냄비 / 튀김두부
  달걀말이 / 우동볶음 / 메밀국수 / 전복버터구이

점선을 따라
자르면
휴대할 수
있습니다.

양장피잡채

炒肉兩張皮

시험시간 35분

짜춘권

炸春捲

시험시간 35분

깐풍기

乾烹鷄

시험시간 30분

새우케첩볶음

蕃茄 蝦仁

시험시간 25분

짜춘권 (35분)

1 **야채 손질**
  • 표고, 양파, 부추 – 4cm채
  • 죽순 – 빗살제거 → 4cm채 → 데치기 → 찬물
  • 대파, 생강 – 채
2 돼지고기 – 4cm채
  • 새우 – 내장제거 → 데치기 → 포
  • 해삼 – 내장제거 → 4cm채 → 데치기
3 물 녹말(녹말가루 1T+물 1T)+달걀 2개+소금 → 체
  에 내리기
  지단 만들기(2장)
4 팬 – 식용유 1T → 생강, 대파 → 돼지고기 → 간장 1t,
    청주
    – 양파, 표고, 죽순, 새우, 해삼 순
    – 부추, 소금, 후추 → 참기름 → 식히기
5 밀가루 풀 – 밀가루 2T+물 1½T
6 지단에 속 재료 넣고 가장자리에 밀가루 풀 바르기
  단단하게 말기(지름 3cm) → 2장 만들기
7 튀기기(150~160℃)
8 길이 3cm로 썰기(8개)
9 담기

양장피잡채 (35분)

1 겨자발효 – 겨자 1T+물 1T(40℃)
2 양장피 – 미지근한 물에 불리기
       – 삶아서 헹구기 → 4cm 정도로 손으로 뜯기
       → 간장, 참기름
3 **돌려 담을 재료 손질**
  • 오징어 – 껍질제거 → 안쪽칼집(길이로) → 데치기
    → 5cm채
  • 새우 – 머리, 내장제거 → 데치기 → 껍질제거
  • 해삼 – 5cm채 → 데치기 → 식초 1t에 버무려 헹구기
  • 당근 – 5cm 길이×0.2cm 두께로 채 썰기
  • 오이 – 돌려 깎기 → 5cm채
  • 지단 – 황백으로 나누어 지단 부치기 → 5cm 채
4 **볶음재료**
  • 부추, 양파, 돼지고기 – 5cm채
  • 목이 – 알맞은 크기로 찢기
5 팬 – 식용유 → 돼지고기 → 간장 1t → 양파, 목이 → 부
    추, 소금 → 참기름
6 소스 만들기 – 발효겨자 ½T, 설탕 1T, 식초 1T, 물
           ½T, 소금, 참기름 약간
7 재료 돌려 담기 – 양장피 → 가운데 볶음재료 담기
           – 겨자소스 곁들이기

새우케첩볶음 (25분)

1 흰자 2T+물 2T ~+녹말가루를 섞어 걸쭉하게 튀김
  옷 만들기

2 새우 살 – 내장제거 → 소금물에 씻기 → 물기제거
      – 청주로 밑간

3 생강 – 편
  대파, 양파, 당근 – 1×1cm×0.2cm
  완두콩 – 물기제거

4 새우 살에 튀김옷 입혀 160℃~170℃에서 두 번 튀겨
  낸다.

5 물 녹말 만들기(녹말 1T, 물 2T)

6 팬 – 식용유 → 대파, 생강 → 청주, 간장 약간
    – 양파, 당근, 완두콩
    – 케첩 3T → 물 1/3C, 설탕 1T
    – 물 녹말(약불) → 튀긴 새우

7 담기

깐풍기 (30분)

1 앙금 녹말 만들기(녹말+동량의 물)

2 생강, 마늘 – 굵직하게 다지기

  대파, 피망, 홍고추 → 사방 0.5cm

3 닭 – 뼈 바르기 → 사방 3cm → 밑간(소금, 청주, 후추,
    생강즙)
    – 흰자+앙금녹말 ½컵

4 닭 – 160~170℃ 기름에 2번 튀기기

5 깐풍 소스 만들기(간장 2t, 설탕 2t, 식초 2t, 육수 2T)

6 팬 – 식용유 1T → 향신료(대파, 마늘, 생강), 홍고추,
    청주
    – 피망 → 간장 2t, 설탕 2t, 식초 2t, 물 2T → 튀긴
    닭 → 참기름
7 담기

난자완스

南煎丸子

시험시간 25분

탕수육

糖醋肉

시험시간 30분

달걀탕

鷄蛋湯

시험시간 20분

물만두

水餃子

시험시간 35분

탕수육(30분)

1 앙금 녹말 만들기(녹말＋동량의 물)

2 대파 ― 편4×1cm
 • 양파, 오이, 당근 ― 4×1cm
 • 목이 ― 불린 후 찢기
 • 완두콩 ― 씻어 놓기

3 돼지고기 ― 4×1×1, 밑간(간장 1t, 청주 1t), 흰자 1T,
 앙금녹말
 160℃～170℃에서 (2번)튀기기

4 물 녹말 만들기(녹말 1T, 물 2T)
 • 탕수소스 만들기(간장 1T, 설탕 3T, 식초 3T, 물 1컵)

5 팬 ― 식용유 → 대파, 청주 → 양파, 당근, 목이, 완두
 콩 순
 ― 탕수소스
 ― 물 녹말
 ― 오이

6 돼지고기 튀긴 것을 접시에 담고 소스를 위에 끼얹기

난자완스(25분)

1 표고 ― 4cm 편 썰기
 • 대파 ― 반 갈라서 3×1cm
 • 마늘, 생강 ― 편(생강 다진 것 → 돼지양념)
 • 죽순 ― 4cm 편 썰기 → 데치기
 • 청경채 ― 4×2cm → 데치기

2 돼지(민찌) ― 핏물 제거
 ― 밑간(간장 1t, 소금, 청주 1t, 생강즙, 후
 추, 참기름)
 ― 달걀 3T, 녹말가루 1T → 젓가락을 한 방
 향으로 젓기

3 팬에 기름 넉넉히 ― 왼손에 반죽 짜서 숟가락으로 동
 그랗게 모양
 ― 팬에 지름 4cm가 되도록 수저로 눌러 모양 만들기
 ― 다시 170℃ 기름에서 바싹 튀겨낸다.

4 물 녹말 만들기(녹말 1T, 물 2T)

5 팬 ― 식용유 1T → 대파, 마늘, 생강 → 청주, 간장 1T
 ― 표고, 죽순, 청경채 순
 ― 물 1C, 후추 약간
 ― 튀긴 완자
 ― 물 녹말, 참기름

물만두(35분)

1 만두피 ― 밀가루 ½C＋찬물 2T～＋소금 → 숙성

2 생강, 대파, 돼지고기 ― 다지기
 • 부추 ― 송송 썰기(0.3cm)

3 돼지고기 ― 간장, 청주 1t, 후추, 참기름 ½t, 다진 파,
 생강즙, 소금 약간
 ― 젓가락으로 끈기 있게 한 방향으로 돌리
 기
 ― 부추 섞기

4 만두피 ― 6cm직경 밀기
 ― 소를 1t을 넣어 삼각모양으로 8개 빚기

5 냄비 ― 물 3C, 소금 약간 → 만두(중간에 찬물 2～3번
 끼얹기)

6 담기 ― 만두, 국물(잘박하게)

달걀탕(20분)

1 표고 ― 불리기 → 채썰기(4cm) → 데치기
 • 죽순, 해삼 ― 채썰기 → 데치기
 • 팽이 ― 4cm
 • 대파 ― 4cm채썰기
 • 돼지고기 ― 4cm채 → 데치기

2 달걀 풀기

3 물 녹말 만들기(녹말 1T, 물 2T)

4 냄비 ― 물 2½C ～ → 돼지고기 → 해삼(거품제거)
 ― 소금, 간장 약간, 흰 후추
 ― 죽순, 표고, 팽이, 대파 채
 ― 물 녹말
 ― 달걀 물을 굵은체에 내려 풀어주며 익히기 →
 참기름 약간

마파두부

麻婆豆腐

시험시간 25분

홍쇼두부

紅燒豆腐

시험시간 30분

빠스옥수수

拔絲玉米

시험시간 25분

해파리냉채

凉拌海蜇皮

시험시간 20분

홍쇼두부(30분)

1 두부 – 사방 5cm, 두께 1cm정도의 삼각형으로 썰기
　　　→ 물기제거
　　　– 170℃에서 노릇하게 튀기기
2 대파 – 4×1.5cm
　· 마늘, 생강 – 편
　· 표고, 홍고추 – 4×1.5cm
　· 청경채, 죽순 – 4×1.5cm → 데치기 → 헹군다.
　· 양송이 – 0.3cm 두께로 편
3 돼지고기 – 4×1.5cm 얇게 편 썰기 → 간장, 청주, 생
　　　강즙 약간
　　　– 흰자, 녹말(소량) → 데치기(기름)
4 물 녹말 만들기(녹말 1T, 물 2T)
5 팬 – 식용유 1T → 마늘, 생강, 대파
　　　– 간장 1T, 청주 → 야채(표고, 양송이, 죽순, 홍고
　　　　추, 청경채 순)
　　　– 육수 1C
　　　– 돼지고기, 두부
　　　– 물 녹말
　　　– 참기름
6 담기

마파두부(25분)

1 고추기름
　팬 – 식용유 4T → 고춧가루 2T 약불에서 볶기
　　　– 거즈에 거르기
2 두부 – 사방 1.5cm → 데치기 → 찬물에 헹군 후 → 물
　　　기 제거
3 마늘, 생강 – 다지기
　· 대파 – 속심제거 → 0.5cm 다지기
　· 홍고추 – 씨 제거 → 0.5cm 다지기
　· 돼지고기 – 다지기(핏물제거)
4 물 녹말 만들기(녹말 1T, 물 2T)
5 팬 – 고추기름 1.5T → 돼지고기
　　　– 파, 마늘, 생강, 홍고추
　　　– 간장 $\frac{1}{2}$t, 청주
　　　– 육수 1C → 두반장 1T, 설탕 1t, 후추
　　　– 두부 → 물 녹말 → 참기름
6 담기

해파리냉채(20분)

1 해파리 – 손으로 주물러 씻기 → 여러 번 헹구기 → 식
　　　초 물에 담구기
　　　– 살짝 데치기(70~80℃)
　　　– 식초 2T, 설탕 $\frac{1}{2}$T, 물 2T에 버무리기(10분)
　　　→ 물기제거
2 오이 – 어슷썰기 → 채썰기(6×0.2cm)
3 마늘다지기(칼날)
4 소스 – 마늘 1T, 설탕 1T, 식초 1T, 소금, 참기름 약간
5 해파리, 오이채 버무리기
6 담기 – 마늘소스 끼얹기

빠스옥수수(25분)

1 땅콩 – 껍질제거 → 0.3cm로 굵게 다지기
2 옥수수 – 체(물기 빼기) → 다지기 → 수분제거
　　　– 달걀노른자 $\frac{1}{2}$개, 밀가루 3T, 다진 땅콩 → 완자 직
　　　경 3cm(6개)
　　　– 튀기기
3 접시에 기름 바르고 담기
4 팬 – 기름 1T + 설탕 3T 녹이기(갈색) → 빠스 옥수수
　　　버무리기 → 물 1t 섞기
5 3의 접시에 담아 식힌다.
6 담기

부추잡채

炒韭菜

시험시간 **20분**

빠스고구마

拔絲地瓜

시험시간 **25분**

라조기

辣椒鷄

시험시간 **30분**

오징어 냉채

凉拌鱿魚

시험시간 **20분**

빠스고구마 (25분)

1 고구마 – 껍질제거 → 길게 4등분 → 4cm 다각형
　　　 – 물에 헹궈 전분기 빼기 → 물기 제거
　　　 – 튀기기(160℃)

2 접시에 기름 바르고

3 팬 – 식용유 1T + 설탕 3T(갈색, 실 생기면) → 고구마
　　 버무리기 → 물 1t 넣기

4 **2**의 접시에 담아 식힌다.

5 담기

부추잡채 (20분)

1 부추 [줄기 / 잎] 6cm 길이로 썰기

2 돼지고기 – 6×0.3cm 채썰기 → 소금, 청주
　　　 – 흰자, 녹말(소량) → 돼지고기 데치기(기름)

3 팬 – 식용유 1T → 부추줄기(흰 부분) → 청주, 소금
　　 – 부추 잎(푸른 부분), 데친 돼지고기
　　 – 참기름

오징어 냉채 (20분)

1 겨자발효 – 가루겨자 1T + 미지근한 물 1T → 숙성시키기

2 오징어 – 내장제거 → 껍질제거 → 안쪽칼집(종횡) –
　　　 길이4cm × 너비3cm
　　　 – 데치기(소금) → 헹구기 → 물기제거

3 오이 – 길이로 1/2 나누기 → 어슷썰기(길이3cm × 두께
　　　 0.2cm)

4 겨자 소스 만들기
　　 – 발효겨자 ½T, 설탕 1T, 식초 1T, 육수 ½T, 소금,
　　　 참기름 약간

5 오징어, 오이 소스에 버무리기(약간)

6 접시에 오징어, 오이 담은 후 겨자소스 끼얹기

라조기 (30분)

1 앙금녹말 만들기(녹말, 동량의 물)

2 표고, 청 피망, 건 고추, 대파 – 5×2cm 편 썰기
　　 • 죽순, 청경채 – 5×2cm 편 썰기 → 데치기 → 헹군다.
　　 • 마늘, 생강 – 편 썰기(다진 생강, 닭 밑간)
　　 • 양송이 – 편 썰기

3 닭고기 – 뼈 바르기 → 껍질제거하기 → 5×1cm
　　　 – 밑간(청주 1t, 후추, 생강즙, 소금 약간) → 흰
　　　 자, 앙금녹말 4T

4 물 녹말 만들기(녹말 1T, 물 2T)

5 닭 – 기름 160~170℃ 튀기기(2번)

6 팬 – 고추기름 2T → 건 고추 → 향채(대파, 마늘, 생
　　　 강) → 간장 1T, 청주
　　 – 표고, 죽순, 양송이, 청피망, 청경채 순으로
　　 – 육수 1C
　　 – 물 녹말 → 튀긴 닭

7 담기

채소볶음

炒蔬菜

시험시간 25분

고추잡채

清椒肉絲

시험시간 25분

경장육사

京醬肉絲

시험시간 30분

유니짜장면

肉泥炸醬麵

시험시간 30분

고추잡채 (25분)

1 표고 − 5cm 채
- 죽순 − 석회질 제거 → 빗살무늬 제거 → 5cm채 → 데치기(소금)
- 양파 − 5cm채
- 피망 − 5×0.3cm채

2 돼지고기 − 핏물제거 → 5cm결대로 채 썰기
- 밑간(간장 1/2t, 청주 1t) → 흰자 1t, 녹말가루약간

3 팬 − 기름 → 돼지고기 데치기

4 팬 − 식용유 1T → 양파, 죽순, 표고 → 간장 1t, 청주 1t
- 피망, 소금, 데친 돼지고기
- 참기름

5 담기

채소볶음 (25분)

1 표고 − 4×1.2cm 편 썰기
- 죽순(석회질제거) − 4×1.2cm 편 썰기
- 샐러리(섬유질제거) − 4×1.2cm 편 썰기
- 청경채, 당근, 피망 − 4×1.2cm 편 썰기
- 양송이 − 편 썰기
- 대파 − 4×1cm편
- 마늘, 생강 − 편

2 향채(파, 마늘, 생강)를 제외한 채소 − 소금물에 데쳐 헹구기

3 물 녹말 만들기(녹말 1t, 물 2t)

4 팬 − 식용유 1T → 향채(대파, 마늘, 생강) → 청주, 간장 ½t
- 표고, 양송이, 죽순, 당근
- 물 ½C(50cc), 소금, 흰 후추 → 샐러리, 청경채, 피망
- 물 녹말(약간)
- 참기름

유니짜장면 (30분)

1 오이 − 5cm 길이로 어슷썰기 하여 채 썰기
- 생강 − 다지기
- 양파, 호박 − 0.5cm x 0.5cm 크기의 네모꼴로 썰기

2 돼지고기 − 핏물제거

3 춘장 볶기

4 물 녹말 만들기(녹말 1T, 물 2T)

5 중화면 삶아 찬물에 헹구기

6 달군 팬에 기름 − 생강 → 다진 돼지고기 → 간장 ½T, 청주 1T
- 양파, 호박순으로 볶기 → 볶은 춘장 1T 넣고 볶기

7 **6**에 육수 ½C, 백설탕 ½T
- 물 녹말 넣어 농도
- 참기름 넣기

8 중화면 끓는 물에 데쳐 그릇에 담기
- 짜장 소스 올리고 오이채 얹어 완성

경장육사 (30분)

1 죽순 − 빗살제거 → 채 → 데치기
- 마늘, 생강 − 채
- 대파 − 흰 부분으로 5cm 토막(속심제거) → 곱게 어슷채 → 찬물

2 돼지등심 − 5cm채 → 청주 1T, 간장 1t 밑간
- 달걀흰자, 녹말가루
- 120℃ 기름에 데치기

3 팬 − 기름 4T, 춘장 2T → 볶기 → 체에 받치기

4 물 녹말(녹말 1t, 물 2t) 만들기

5 팬 − 기름 1T → 마늘, 생강, 대파 → 간장 약간, 청주 1T
- 볶은 춘장 1T, 죽순
- 물 2T, 굴소스 1t, 설탕 1t, 데친 돼지고기
- 물 녹말 → 참기름

6 접시에 물기를 제거한 파 채를 깔고 **5**의 고기 얹기

울 면

溫滷麵

시험시간 **30분**

새우완자탕

蝦丸子湯

시험시간 **25분**

탕수생선살

糖醋魚塊

시험시간 **30분**

증교자

蒸餃子

시험시간 **35분**

새우완자탕 (25분)

1 양송이 — 모양대로 얇게 썰기 → 데치기
 · 청경채, 죽순 — 1cm × 3cm 길이로 썰기 → 데치기
 · 대파 — 1cm×3cm

2 새우 살 — 내장 제거 후 곱게 다지기
   — 소금, 청주, 후추, 생강즙 약간
   — 녹말가루 1T, 흰자 1T 넣어 젓가락으로 섞는다.

3 냄비 — 육수 2½C
   — 지름 2cm 새우완자 익히기(6개)
   — 익힌 새우완자 완성그릇에 담기

4 국물 거르기 — 간장 색, 소금 1t, 청주 1t
   — 죽순, 양송이, 청경채
   — 대파 → 불 끄고 참기름

5 새우완자 담은 그릇에 국물 부어 제출

울 면 (30분)

1 목이버섯 — 불린 후 한입 크기로 뜯어놓기
 · 마늘 — 채 썰기
 · 조선부추, 대파, 양파, 당근, 배추 — 6cm 채 썰기

2 새우 살 — 내장제거
 · 오징어 — 채 썰기

3 달걀 풀기

4 물 녹말 만들기(물 4T, 녹말 2T)

5 중화면 삶아 찬물에 헹구기

6 팬 — 육수 2.5C 끓이기 → 마늘, 대파
   — 간장 1t, 청주 1T
   — 양파, 당근, 목이버섯, 배춧잎
   — 오징어, 새우 살 넣고 소금, 흰 후추 간
   — 물 녹말 넣어 농도 맞추기
   — 달걀 물
   — 부추, 참기름

7 중화면 끓는 물에 살짝 데쳐 완성그릇에 담기
 6의 울면 소스 붓기

증교자 (35분)

1 만두피 — 밀가루+소금 1t 넣은 뜨거운 물로 익반죽
   → 숙성

2 생강, 대파, 돼지고기 — 다지기
 · 부추 — 송송 썰기(0.3cm)

3 돼지고기 — 간장 ½, 청주 1t, 후추, 참기름 1t, 다진
   파, 생강즙, 굴소스 1t
   — 젓가락으로 끈기 있게 한 방향으로 돌리기
   — 부추 섞기

4 만두피 — 직경 7cm로 밀기
   — 소를 ½T을 넣어 주름 5개 이상 잡아 만두
   빚기(6개)

5 김이 오른 찜통에 젖은 면포 — 만두 넣어 10분 정도
 찐다.

6 담기

탕수생선살 (30분)

1 흰자 2T+물 2T ~+녹말가루를 섞어 걸쭉하게 튀김
 옷 만들기
2 건목이 — 따뜻한 물에 불린 후 한입크기로 찢는다.
3 당근, 오이 — 4cm 길이로 어슷편
 · 캔 파인애플 — 8등분
 · 캔 완두콩 — 씻어놓기
4 흰 생선살 — 폭1cm×4cm길이로 썰어 물기제거
 생선살에 1의 반죽을 입혀 160~170℃에서 두 번 바
 싹하게 튀겨낸다.
5 물 녹말 만들기(녹말 1T, 물 2T)
6 탕수소스 만들기(간장 1T, 설탕 3T, 식초 3T, 물 1컵)
7 팬 — 식용유–당근, 목이, 캔 파인애플, 캔 완두콩
   — 물 1C, 설탕 3T, 식초 3T, 간장 1T(탕수소스)
   — 물 녹말
   — 오이
8 튀긴 생선살 위에 끼얹기

새우볶음밥

蝦仁炒飯

시험시간 **30분**

새우볶음밥(30분)

1 새우살 – 내장제거 후 끓는 소금물에 데치기

2 불린 쌀 – 동량의 물을 넣어 고슬고슬하게 밥 짓기

3 대파, 피망, 당근 – 0.5cm 크기의 주사위 모양으로 썰기
계란 – 잘 풀어 놓기

4 볶음 팬 – 식용유 → 대파, 계란 ½개 분량
　　　　　　 – 당근, 피망, 데친 새우 소금, 흰 후추 간
　　　　　　 – 밥공기에 담아 놓기

5 볶음 팬 – 식용유 – 대파, 계란 ½개
　　　　　　 – 센 불에서 밥 넣어 볶은 후 소금, 흰 후추 간
　　　　　　 – **4**의 밥공기에 채워 꾹 눌러 담기

6 볶음밥 접시에 **5**의 밥공기 뒤집어서 보기 좋게 담기

삼치 소금구이

사와라노 시오야끼

시험시간 **30분**

생선초밥

니기리 스시

시험시간 **40분**

도미조림

타이노 아라타끼

시험시간 **30분**

갑오징어 명란 무침

이까노 사쿠라아에

시험시간 **20분**

생선초밥(40분)

1 배합초(식초 3T, 설탕 2T, 소금 1t) 끓이기 → 밥 비비기(1공기에 2T을 넣어 나무주걱으로 자르듯이 비빈다)
   • 청차조기잎 – 찬물에 담그기

2 각각의 생선손질
   • 참치 – 5mm 두께, 결 반대 7×3cm → 비스듬히
   • 광어 – 2~3mm두께 → 7×3cm 포
   • 생문어 – 간장, 소금, 식초 넣고 삶기 → 2~3mm 두께 → 7×3cm 포(물결무늬)
   • 도미 – 2~3mm 두께 → 7×3cm
   • 차새우 1마리 내장제거. 꼬치 끼워 소금물에 삶아 꼬리 남기고 껍질 벗겨 등쪽에 칼집 넣어 초밥용으로 만들기
   • 학꽁치 $\frac{1}{2}$마리 – 7cm(꽁치, 전어 대체 가능) → 포뜨기 → 잔가시제거 → 껍질제거 → 등쪽 칼집

3 생강 얇게 편썰어 데치기 → 배합초 절임(초생강)

4 와사비 묽게 갠다. → 각각의 생선을 초밥싸기(여유있는 생선은 추가하여 8개 수량 맞출 것!)

5 완성그릇에 담아 간장과 제출

삼치 소금구이(30분)

1 다시마다시 끓이기

2 삼치 – 3장 뜬 후 껍질에 칼집 넣어 소금 뿌리기
   • 무 – 국화꽃성형 → 담금초(식초 2T, 설탕 2T, 물 2T, 소금 1t)에 재우기
   • 우엉 – 다시물(간장, 청주 1T씩, 설탕 1T, 맛술 1T, 다시물 $\frac{1}{2}$C)에 졸이기
   • 삼치 – 헹궈 윗 소금 뿌려 굽기

3 깻잎 깔고, 우엉, 무, 레몬 곁들여 삼치 제출(껍질이 위로 와야 함)

갑오징어 명란 무침(20분)

1 무순, 차조기(깻잎) 물에 담그기
   • 갑오징어 – 껍질제거 후 5cm 길이로 얇게 포 뜨기 → 0.3cm 가는 채썰기
   • 명란 – 껍질제거

2 미지근한 물, 청주(50℃) 넣어 갑오징어 데치기 → 체에 밭치기

3 갑오징어 데친 것에 명란 넣어 버무림(술을 조금씩 넣어가며 섞어줌)

4 완성그릇에 시소를 깔고 갑오징어 명란무침 담고 무순으로 장식

도미조림(30분)

1 다시마다시 끓이기

2 도미손질(머리 2개, 몸통 1개, 꼬리 1개) – 소금 뿌려 놓기

3 생강 – 채썰어 물에 담그기
   • 우엉 – 5cm 두께 1cm로 썰어 물에 담그기

4 도미 – 데쳐 불순물 한번 더 제거

5 우엉 깔고 도미 올려 청주 3T → 불 켜고 알코올 제거 → 다시물 1C과 간장 3T, 설탕 3T, 맛술 3T 넣어 조리기

6 중간 중간 거품제거 – 거의 졸아들면 꽈리고추 넣어 마무리 → 그릇에 담기

대합술찜
하마구리 노사케무시

시험시간 **25분**

도미술찜
다이노 사카무시

시험시간 **30분**

모둠냄비
요세나베

시험시간 **50분**

생선 모둠회
사시미 노모리아 와세

시험시간 **30분**

도미술찜 (30분)

1 다시마 다시 끓이기
2 도미손질(도미는 3등분 머리-2등분, 몸통 3장 뜨기, 꼬리 칼집) 소금 뿌리기
3 **야채 손질**
 • 무 – 은행잎 → 데침
 • 당근 – 매화꽃 → 데침
 • 배추 – 데침(쑥갓) → 배추말이
 • 생표고 – 별모양
 • 죽순 – 빗살모양 0.3cm 두께
 • 두부 – 2×2×4
4 끓는 물에 채소, 도미 데쳐 불순물 한번 더 제거
5 술찜소스(다시물 2T, 청주 2T, 소금 약간) 만들기
6 사라모리 후 술찜 소스 껴얹짐 → 김이 오른 냄비에 10분 중탕으로 찜함
7 폰즈(진간장, 식초, 다시(1큰술씩)) 야꾸미(무즙(빨간), 실파, 레몬) 만들기
8 쑥갓 꽂아 뜸 들여 완성
9 폰즈와 야꾸미 함께 제출

대합술찜 (25분)

1 다시마다시 끓이기
2 백합해감 – 눈 제거
3 물 끓여 야채 데침(배추, 쑥갓줄기, 당근(매화), 무(은행잎))
4 배추말이
5 재료 접시에 담기
6 술찜소스(와리사케) – 다시마물 2T, 청주 2T, 소금 혼합하여 위에 끼얹어주기
7 김이 오른 냄비에 10분간 찜
8 폰즈(다시물 1T, 간장 1T, 식초 1T) 야꾸미(무즙(빨간), 실파, 레몬) 만들기
9 찜한 조개 건져내 레몬 입에 끼우기
10 쑥갓 꽂아 뜸 들여 완성
11 폰즈와 야꾸미 함께 제출

생선 모둠회 (30분)

1 무순 – 물에 담그기
2 청차조기잎(깻잎) – 물에 담그기
3 참치살 – 연한 소금물에 해동 → 면포 → 약간 도톰하게 3쪽
 • 광어살 – 면포 → 얇게 3쪽
 • 도미살 – 면포 → 3쪽 자르기
 • 학꽁치 – 머리, 내장 제거 → 3장 뜨기 → 껍질제거 → 등에 칼집 넣기 → 면포 수분제거 → 나뭇잎, 고사리 모양
4 무 – 돌려깍기 → 무갱썰기 → 찬물에 담그기
 • 오이 – 왕관
 • 당근 – 나비 모양
 • 와사비 – 물에 너무 되직하지않게 개어 모양내기
 • 레몬 – 슬라이스
5 접시에 무갱, 깻잎 깔기 – 손질한 생선 접시에 담아 마무리
6 오이, 당근, 무순 등 야채 장식과 와사비 곁들이기

모둠냄비 (50분)

1 다시마가쓰오 다시 끓이기
 • 무 – 은행잎 → 데치기
 • 당근 – 매화꽃 → 데치기
 • 배추 – 데침(쑥갓줄기) → 배추말이
2 닭고기 – 3×4cm → 간장, 청주 → 데침
 • 흰살생선 – 3×4cm 크기 → 소금, 청주 → 데침
 • 갑오징어 – 안쪽 칼집 → 데침
 • 새우 – 내장 껍질 제거 → 데침
 • 중합 – 해감(소금물) → 눈제거
 • 찐 어묵 – 물결 무늬
 • 두부 – 4×2×2cm, 죽순 데침
 • 대파 – 어슷썰기, 생표고 → 꽃모양
 • 달걀 – 후끼요세 → 2~3cm
 • 쑥갓 1줄기, 팽이버섯
3 국물 – 다시마 가쓰오다시 3C, 간장 약간, 청주 1T, 소금 ½t
4 냄비에 손질한 재료 넣고 다시물 넣어 끓임 → 쑥갓 꽂아 제출

모둠튀김

덴푸라노모리아와세

시험시간 **40분**

소고기 양념 튀김

규니꾸노 가라아게

시험시간 **30분**

도미머리 맑은국

다이 스이모노

시험시간 **30분**

대합 맑은국

하마구리스이모노

시험시간 **20분**

소고기 양념 튀김 (30분)

1 파슬리 – 물
   • 쇠고기 – 짧고 굵게 3×0.3cm 채썰기(결반대) → 타월을 깔아 핏물제거
   • 실파 – 0.5cm 썰기, 마늘 다지기, 레몬 → 웻지

2 쇠고기 밑간(마늘, 참기름, 청주, 소금) – 계란노른자와 박력분, 전분 넣어 약간 되직하게 반죽 → 실파

3 튀김기름 온도 올리기 → 쇠고기 완자 튀기기(티스푼으로 소복하게 일정량 떠서 튀겨준다)

4 온도 올려 당면 튀기기

5 종이 접시에 깔기 → 당면 올리고 완자 올려주기 → 레몬과 파슬리 곁들여 제출

모둠튀김 (40분)

1 다시마 가쓰오다시 끓이기
2 **야채손질**
   • 양파 – 꼬지끼움 → 0.7cm 두께
   • 피망 – 2×7cm
   • 연근 – 0.7cm → 물에 담근다.
   • 생표고 1개 – 별모양
3 **해물 손질**
   • 새우 – 내장 제거, 물총 → 껍질 제거, 배쪽 칼집
   • 오징어 – 껍질, 막 제거 → 안쪽 솔방울 무늬 칼집
   • 학꽁치 – 3장 뜨기(꽁치, 전어) → 껍질제거 → 등쪽 칼집
   • 바다장어 – 점액질제거 → 껍질에 칼집
4 기름온도 올리기
5 튀김반죽 만들기(계란 노른자 1개＋찬물 1C＋박력분 1C)
6 야채 – 덧가루 묻히고 반죽 입혀 튀김
   • 해물 – 덧가루 묻히고 반죽 입혀 튀김
7 덴다시(다시가쓰오물 5T, 간장 1T, 청주 1T, 설탕 1t)
8 야꾸미(무 갈은 것, 생강 갈은 것, 레몬 1조각, 실파 만들기)
9 종이 접시에 깔고 튀김담기, 덴다시와 야꾸미 함께 제출

대합 맑은국 (20분)

1 중합 – 소금물 해감(※ 눈 제거 안함)
   • 쑥갓 – 물에 담그기
   • 다시마 – 젖은 면포로 닦기
   • 레몬껍질 – 오리발

2 물 3C(조개가 잠길 만큼 넣는다), 다시마, 조개 끓임 → 거품제거 → 끓어오르면 다시마 건져냄 → 조개가 입이 벌어질 때까지 끓임

3 입 벌어지면 불 끄고 → 조개 꺼내 살이 없는 쪽 껍질은 제거 그릇에 담음

4 국물에 간하여 다시 한번 끓여 국물 붓기 → 쑥갓잎, 레몬껍질 띄워 제출

도미머리 맑은국 (30분)

1 도미 – 비늘-아가미-내장제거-머리 반으로 자르기 → 소금
   • 죽순 – 편 → 데침
   • 대파 – 가늘게 채썰어 찬물 담그기
   • 레몬 – 오리발

2 도미 데쳐 불순물 한번 더 제거 → 물 2C, 다시마, 도미 함께 끓여줌 → 거품제거 → 끓으면 다시마 건져내고 도미 익을 때까지 끓임

3 도미 건져 완성그릇에 담기 → 국물 면포에 걸러 간장, 소금, 청주로 간 → 국물 끓여 그릇에 붓기 → 죽순, 대파, 레몬 함께 담아 제출

된장국

시로 미소시루

시험시간 **20분**

전골냄비

스끼야끼

시험시간 **40분**

참치 김초밥

데까마끼

시험시간 **20분**

김초밥

마끼스시

시험시간 **25분**

전골냄비 (40분)

1 다시마 다시 끓이기
2 **채소 손질**(사라모리)
   - 배추 – 5×2cm
   - 생표고 – 별모양 칼집
   - 대파 – 0.5cm(어슷 썰기)
   - 양파 – 0.5cm → 반 원형 썰기
   - 두부 – 5×1cm 썰기 → 석쇠 굽기 → 찬물에 헹구기
   - 우엉 – 연필깎기 → 물
   - 죽순 – 얇게 모양대로 썰기 → 데침
   - 실곤약 – 데침
   - 팽이 – 밑둥 제거
   - 쑥갓 – 찬물 담그기
3 쇠고기 등심 – 결반대 0.2cm 썰기
4 스끼야끼다래 – 다시물 1C, 간장 3T, 설탕 2T, 청주 2T → 끓인다.
5 전골냄비에 식용유 두르기 → 단단한 채소부터 차례로 다래소스 넣어 볶기 → 소고기 익으면 마지막 쑥갓, 팽이버섯 넣어 완성
6 달걀 깨서 그릇에 담아 함께 제출

된장국 (20분)

1 다시마가쓰오 다시 끓이기
   - 두부 – 1cm크기 → 소금물에 데침
   - 미역 – 2~3cm크기 → 데침(소금)
   - 실파 – 송송 썰기 → 물에 헹구기

2 가쓰오다시물 2C에 된장 1T, 술 1T 넣어 간하여 끓이기 → 완성그릇에 미역, 두부, 실파 담기 → 국물 붓고 산초가루 올려 제출

김초밥 (25분)

1 배합초 만들기(식초 3T, 설탕 2T, 소금 1t)
2 초밥 만들기
3 물 끓이기 → 생강 편썰어 데치기 → 배합초에 담그기
4 박고지 끓는 물에 삶기
   - 청차조기잎 – 찬물에 담그기
5 오이 – 1×1cm로 썰기 → 소금에 절이기
6 계란(소금, 설탕) 풀어 → 체에 내리기 → 계란말이하기(두께, 폭 1cm 이상. 사각팬 사용. 젓가락으로 말아준다)
7 박고지 졸이기 – 조림(다시물 1C, 설탕 1T, 간장 1T, 술 1T, 맛술 1T)
8 김 굽기 → 밥 적당히 깔아 박고지, 계란말이, 오이, 오보로를 넣고 말아주기(완성두께 약 4cm) → 8등분 썰기
9 깻잎(시소) 깔고, 초생강 곁들여 담기 → 간장과 함께 제출

참치 김초밥 (20분)

1 청차조기잎 – 찬물
   - 참치살 – 소금물 해동 → 참치 수분 제거하여 1×1cm로 성형
   - 생강 – 편썰어 데침 → 데친 생강 남은 배합초에 담가 초생강 만들기

2 배합초 만들어 초밥 만들기

3 분말 와사비 – 동량의 물에 개기

4 김 구워 반자르기 → 김에 밥 깔고, 참치, 와사비순으로 넣어 네모지게 모양 만들기(2줄 만들어야 함)

5 각 6개씩 12개 썰어 깻잎 깔고 와사비 곁들여 제출

6 간장을 함께 제출한다.

문어초회

다꼬노 스노모노

시험시간 20분

소고기 간장구이

규우니쿠노테리야끼

시험시간 20분

도미냄비

타이지리

시험시간 30분

달걀찜

차완무시

시험시간 30분

소고기 간장구이 (20분)

1 다시마 다시 끓이기

2 쇠고기 손질 ─ 두께 1.5cm로 연육 성형한다, 소금. 후추
 • 생강 ─ 하리쇼가 만들어 찬물에 담그기

3 다래소스(설탕 2T, 간장 2T, 청주 2T, 맛술 3T, 다시물 4T) 끓이기

4 팬에 식용유 두르고 쇠고기 겉면 익혀주기 → 소스 발라가며 쇠고기 익히기

5 쇠고기 어슷하게 3cm 크기로 썰어 접시에 담기

6 남은 소스 바르기 → 산초가루 뿌리고, 생강 곁들여 제출

문어초회 (20분)

1 다시마가쓰오 다시 끓이기
 • 미역불리기 → 물 끓이기 → 미역 데침
 • 간장과 소금, 식초 넣고 문어 삶기
2 오이 ─ 자바라기리하여 소금에 절임 → 헹구기 → 3cm 크기로 자르기
 • 문어 ─ 빨판밑에 칼집넣어 껍질벗김 → 문어 물결모 양내서 썰기(4~5cm 일정하게)
 • 미역 ─ 줄기제거하고 김발 이용해서 정리 4cm 썰기
 • 레몬 ─ 반달모양 편 썰기
3 양념 초간장(간장 1T, 식초 1.5T, 설탕 ½T, 다시마가쓰오물 3T) ─ 끓여 식힘
4 그릇에 문어와 미역, 오이, 레몬 등을 모두 담아 양념 초간장 끼얹어 제출

달걀찜 (30분)

1 다시마 가쓰오다시 끓이기
2 닭고기(간장), 흰살생선(소금) 사방 1cm로 썰어 밑간
3 새우 내장제거
4 **야채성형**
 • 표고버섯 ─ 1cm
 • 죽순 ─ 1cm → 석회질 제거
 • 은행 ─ 껍질제거
 • 어묵 ─ 1cm
 • 밤 ─ 구운 다음 1cm
 • 쑥갓 ─ 찬물 담그기
 • 레몬 ─ (오리발)
5 재료 데침(어묵, 죽순, 표고, 닭고기, 흰살생선, 새우)
6 재료 그릇에 담기
7 가쓰오다시물 걸러 2/3C, 소금, 청주, 맛술 1t → 계란과 함께 풀어 체에 거르기
8 그릇에 계란물 담기 → 끓은 물에 중탕으로 10분 찜
9 쑥갓, 레몬 올리기 → 1분 뜸 → 제출

도미냄비 (30분)

1 다시마 다시 끓이기
2 도미손질(머리 2장, 몸통살 2장, 꼬리 1장)
3 물 끓이기
4 **야채 손질**
 • 배추, 쑥갓줄기 ─ 데쳐 → 배추말이
 • 무 ─ 은행잎 → 데침
 • 당근 ─ 매화꽃 → 데침
 • 대파 ─ 어슷썰기(4cm)
 • 두부 ─ 4×2×2cm
 • 죽순 ─ 빗살무늬 → 석회질제거 → 데침
 • 생표고 ─ 별모양
 • 팽이버섯 ─ 밑둥 제거
 • 쑥갓잎 ─ 찬물
5 도미데침(불순물 한번 더 제거)
6 다시물 걸러 간하기(다시물 2~3C, 소금 1/2t, 청주 1T, 맛술 1T)
7 폰즈(간장 1T＋식초 1T＋다시물 1T)
8 야꾸미(무 갈은 것(고춧가루), 실파, 레몬)
9 냄비에 담아 끓이며 거품제거 → 마지막 쑥갓, 팽이버섯
10 폰즈, 야꾸미와 제출한다.

해삼초회

다마꼬노 스노모노

시험시간 20분

소고기 덮밥

규니꾸노 돈부리

시험시간 30분

꼬치냄비

구시나베

시험시간 40분

튀김두부

아게다시도후

시험시간 25분

소고기 덮밥 (30분)

1 다시마 가쓰오다시 끓이기

2 쇠고기 ━ 편썰기(4×1cm 정도로 얇게 썬다) 키친타월
에 깔아 핏물제거
  • 양파 ━ 채썰기(4cm)
  • 팽이, 실파(4cm)
  • 김 굽기 ━ 채(하리노리)
  • 계란 풀기(알끈제거)

3 밥 그릇에 2/3만 두고 정리하기

4 덮밥 다시 끓이기(다시가쓰오물 2/3C, 맛술 1T, 간장
1T, 설탕 1t, 소금) ━→ 쇠고기 넣고 익힘(거품제거) ━→
양파, 팽이버섯, 실파 넣고 익히기 ━→ 익으면 계란 고
르게 덮기 ━→ 계란이 70% 정도 익으면 불 끄고 밥 위
에 덮어주기(이때 국물이 $\frac{1}{4}$C 가량 남아야 함)

5 김 올려 제출

해삼초회 (20분)

1 다시마 가쓰오다시 끓이기

2 미역 ━ 불리기
  • 해삼 ━ 연한 소금물에 담그기
  • 오이 ━ 자바라기리 만들어 소금에 절임
  • 미역 ━ 데침 ━→ 미역 줄기제거 후 김발로 정리 4cm
    썰기

3 폰즈(간장 1T, 식초 1T, 다시마가쓰오물 1T) 야꾸미
(실파, 레몬반달, 무 갈은 것+고운고추가루) 만들기

4 오이 헹궈 3cm 정도로 자르기 ━→ 그릇에 오이, 미역,
야꾸미 담기 ━→ 해삼 입, 항문, 내장 제거하여 씻어 한
입 크기로 썰어 담기 ━→ 폰즈 끼얹어 제출

튀김두부 (25분)

1 다시마 가쓰오다시 끓이기
2 면포 깔아 연두부 꺼내기
3 소스 끓이기(다시가쓰오물 5, 진간장 1, 맛술 1T)
4 무 ━ 강판 ━→ 물에 헹구기
  • 실파 ━ 송송썰기 ━→ 물에 헹구기
5 튀김 기름 올리기
6 연두부 성형(4×5×4cm, 3개) ━→ 전분뿌려 튀기기
7 그릇에 튀긴두부 담기
8 소스에 오로시 풀어 연두부에 얹기
9 김(하리노리)과 실파 송송 썬 것 위에 올려 제출

꼬치냄비 (40분)

1 다시마 가쓰오다시 끓이기
2 겨자발효(따뜻한 물 2t에 겨자 1T)
3 다시마 건져 ━→ 매듭 모양
4 **야채 성형**
  • 쑥갓 ━ 물에 담그기
  • 당근 ━ 매화꽃 ━→ 데침
  • 곤약 ━ 7×3cm ━→ 데침
  • 무 ━ 밤알 크기 3cm ━→ 데치기
5 야채, 각종 어묵, 곤약, 유부 ━→ 데치기
6 삶은 계란, 무, 곤약 ━→ 조림국물(다시가쓰오물 1C, 간장
2T)에 졸이기
7 **유부주머니 만들기**
  • 쇠고기 ━ 5cm×0.1~0.2cm 채(양념하지 않음)
  • 실파 ━ 5cm(머리 굵으면 반 가르거나 칼등으로 친다)
  • 목이버섯 ━ 불린다 ━→ 채
  • 당면 ━ 불린다 ━→ 삶는다 ━→ 성형
  • 배추, 당근 ━ 5cm×0.1~0.2cm 채
8 팬 ━ 기름 ━→ 고기, 배추, 당근, 실파, 목이, 당면 ━→ 간장 약
하게 ━→ 접시에 식히기 ━→ 유부 잡채넣기 ━→ 데친 실파로 묶
기
9 어묵 꼬지 2개에 나눠 꽂기
10 다시물 간하기(다시가쓰오물 2~3C, 맛술 1T, 간장 1t, 청
주 1T, 소금 $\frac{1}{2}$t)
11 냄비에 담고 끓이기
12 계란 반 가르기 ━→ 끓인 냄비에 계란과 쑥갓 넣고, 발효시
킨 겨자와 간장 곁들여 제출

달걀말이

타마고야끼

시험시간 25분

우동볶음

야끼우동

시험시간 30분

메밀국수

자루소바

시험시간 30분

전복버터구이

아와비노바다야키

시험시간 25분

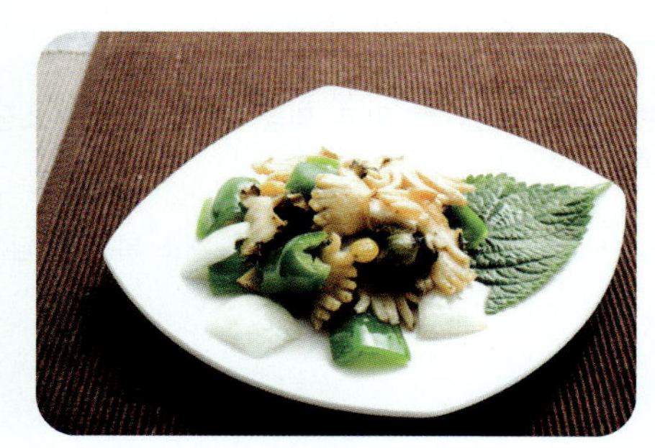

우동볶음 (30분)

1 숙주 씻어 거두절미하기

2 양파, 당근, 청피망은 4cm 길이로 채썰기

3 표고버섯 ‒ 4cm 길이로 채썰기
 • 새우 ‒ 껍질과 내장을 제거 → 데치기 → 껍질 제거
 • 오징어 ‒ 솔방울 무늬로 칼집을 넣어 1cm × 4cm 크기로 썰기 → 데치기

4 우동 ‒ 끓는 물에 데치기

5 팬 ‒ 식용유, 양파, 당근, 표고, 새우, 오징어‒숙주, 청피망‒우동 순으로 볶기 → 청주와 진간장, 맛술, 소금을 넣어 맛내기 → 참기름으로 마무리 → 접시에 담기

6 가다랑어포 얹기

달걀말이 (25분)

1 다시마 가쓰오다시 끓이기

2 양념 국물(1번다시 ½C에 소금 1t, 설탕 1½T, 맛술 1T) → 살짝 끓여 식히기

3 계란 간하여 풀기 → 양념국물(3~4T) 계란과 섞기 → 체에 거르기

4 그릇에 식용유 따라놓기(키친타월을 작게 접어 기름에 담가 놓는다.) → 사각팬에 적셔놓은 기름 발라가며 예열시키기

5 계란물 80cc씩을 부어가며 젓가락으로 말기(처음 5cm 넓이로 말기)

6 김발에 키친타월 깔고 계란말이 감싸 모양잡기

7 무(오로시) ‒ 강판 → 물에 헹구기 → 간장 넣어 색

8 계란말이 두께 1cm로 8개 썰기 → 시소깔아 계란말이 담고 간장무즙 곁들이기

전복버터구이 (25분)

1 청차조기잎 ‒ 찬물

2 양파와 피망 ‒ 3cm×3cm의 크기로 썰기

3 은행 ‒ 볶아 껍질 제거

4 전복 손질 ‒ 껍질과 내장 분리 → 0.3cm두께, 3~4cm 크기로 어슷하게 저며 썰기, 내장모래주머니제거 → 소금물에 내장 데치기

5 팬 ‒ 식용유 → 전복, 양파, 피망 → 내장, 버터 → 소금, 후추, 청주로 맛 → 은행

6 접시에 청차조기잎 깔기 → 전복과 채소 볶은 것 담기

메밀국수 (30분)

1 다시마 가쓰오다시 끓이기

2 냄비 ‒ 소바다시(가쓰오다시물 1컵, 진간장 2큰술, 백설탕 1T, 청주 1T, 맛술 ½T) → 끓여 식히기

3 와사비 ‒ 찬물과 동량으로 혼합

4 야꾸미 ‒ 송송 썬 파, 강판에 간 무즙(물에 헹구기)

5 접시에 김발 올리기

6 메밀국수 삶기 → 찬물과 얼음물에 헹구기 → 사리 → 김발 위에 담기

7 김 ‒ 굽기 → 채(하리기리) → 면 위에 올리기

8 메밀국수, 양념(야꾸미), 소바다시를 각각 따로 담아서 제출